Elektro-Fachrechnen 1

Grundlagen

Von Studiendirektor Klaus Großmann, Eutin
Studiendirektor Hans Harthus, Osnabrück
Studiendirektor Otto Schneider, Göttingen
Studienrat Hans-Ulrich Giersch, Osnabrück
Oberstudienrat Norbert Vogelsang, Osnabrück

3., neubearbeitete und erweiterte Auflage
mit 292 Bildern und Tabellen, 156 Beispielen
und 2040 Aufgaben

B. G. Teubner Stuttgart 1989

CIP-Kurztitelaufnahme der Deutschen Bibliothek

Grossmann, Klaus:
Elektro-Fachrechnen / von Klaus Grossmann; Hans Harthus;
Otto Schneider. – Stuttgart : Teubner
    Bd. 3 u. d. T.: Willems, Helmuth: Elektro-Fachrechnen
NE: Harthus, Hans:; Schneider, Otto:

1. Grundlagen
    [Hauptbd.]. – 3., neubearb. u. erw. Aufl. – 1989
    ISBN 3-519-26810-8

Das Werk einschließlich aller seiner Teile ist urheberrechtlich geschützt. Jede Verwertung in anderen als den gesetzlich zugelassenen Fällen bedarf deshalb der vorherigen schriftlichen Einwilligung des Verlages.

© B. G. Teubner Stuttgart 1989

Printed in Germany

Satz: SATZPUNKT Ewert, Braunschweig
Druck und buchbinderische Verarbeitung: Passavia Druck GmbH Passau
Umschlaggestaltung: Peter Pfitz, Stuttgart

Vorwort

Liebe Schüler!

Mit diesem Buch sollen Sie Ihre Fachkenntnisse der Grundstufe durch praxisbezogenes Rechnen festigen und vertiefen. Die nötigen Formeln, Kennlinien und Schaltpläne finden Sie in der Einleitung zu jedem Abschnitt. Allerdings geben wir Ihnen jeweils nur die in der Fachkunde nötige Grundformel, die Sie selbsttätig umstellen müssen. Deshalb haben wir das wichtige Formelumstellen im Abschnitt 1.2 besonders sorgsam behandelt.

Ein oder mehrere Beispiele zeigen Ihnen die Ansätze und Rechenwege, die natürlich nicht für alle Aufgaben des Abschnitts gelten. Überlegen Sie darum stets zuerst den Ansatz, bevor Sie ans Rechnen gehen. Wir beginnen jeweils mit leichteren Aufgaben und steigern allmählich den Schwierigkeitsgrad. Durch die Fragestellung a), b), c) gibt es mehrere Aufgaben für Haus- und Klassenarbeiten sowie Gruppenarbeit. Bei mehreren Größen gehören stets die Angaben a)a), b)b), c)c) zusammen.

Der Anhang bringt weitere Tabellen mit wichtigen elektronischen Daten. Da Sie in der Regel einen Taschenrechner einsetzen, haben wir auf die Tafeln mit Quadratzahlen und Wurzeln verzichtet.

Verehrte Kollegen!

Dieses Buch ist eine Neuausgabe des bewährten „Fachrechnens für Elektroberufe". Die Verfasser haben den Rahmenplan der KMK zugrunde gelegt und weitgehend die Lehrpläne der einzelnen Bundesländer berücksichtigt. Jeder Abschnitt beginnt mit einer Einleitung, die alle für die Lösung der Aufgaben erforderlichen Hilfsmittel sowie einige durchgerechnete Beispielaufgaben enthält.

Die Aufgaben vermeiden nach Möglichkeit das rein mechanische Rechnen und fördern statt dessen das Denkvermögen des Schülers. Der Schwierigkeitsgrad der Aufgaben steigt innerhalb der einzelnen Abschnitte. Bedingt durch den großen Umfang, lassen sich nicht alle Aufgaben dieses Buches in der Grundstufe rechnen. Sie können daher die Aufgaben für Ihren Unterricht aussuchen, die dem Klassenniveau entsprechen.

Schülern wie Kollegen danken wir für Anregungen, die wir in dieser Auflage auswerten konnten. Auch weiterhin nehmen wir Hinweise gern entgegen.

Sommer 1989   Die Verfasser

Inhaltsverzeichnis

Seite

1	**Grundlagen des fachkundlichen Rechnens**	1.1	Runden von Zahlen (DIN 1333), Rechengenauigkeit, Überschlagsrechnung	7
		1.2	Rechnen mit Gleichungen	8
		1.3	Taschenrechner	11
		1.4	Dreisatz- und Prozentrechnung	13
		1.4.1	Dreisatzrechnung (Schlußrechnung)	13
		1.4.2	Prozentrechnung	15
		1.5	Berechnen von Längen, Flächen Volumen und Massen	17
		1.5.1	Berechnen von Längen	17
		1.5.2	Berechnen von Flächen	19
		1.5.3	Berechnen von Volumen und Massen	22
		1.6	Funktionen und Kennlinien	24
		1.7	Winkelfunktionen	26
		1.8	Potenzen und Wurzeln	30
		1.8.1	Potenzen	30
		1.8.2	Wurzeln	32
		1.8.3	Rechnen mit Potenzen und Wurzeln	33
		1.8.4	Logarithmen	34
2	**Elektrischer Stromkreis**		Ohmsches Gesetz	37
3	**Berechnen von Widerständen**	3.1	Abhängigkeit von Länge, Querschnitt und Material	40
		3.2	Stromdichte	44
		3.3	Abhängigkeit des Leiterwiderstands von der Temperatur	45
4	**Schaltung von Widerständen**	4.1	Reihenschaltung	49
		4.2	Parallelschaltung	52
		4.3	Zusammengesetzte Schaltungen	55
		4.4	Vorwiderstand und Spannungsteiler	58
		4.5	Brückenschaltung	60
5	**Leistung, Arbeit, Energie, Wirkungsgrad**	5.1	Elektrische Leistung	63
		5.2	Elektrische Arbeit	66
		5.3	Energieumwandlung und Wirkungsgrad	68
		5.4	Grundlagen aus der Mechanik	71
		5.4.1	Zusammensetzen und Zerlegen von Kräften	71
		5.4.2	Drehmoment	73

				Seite
5	Leistung, Arbeit, Energie, Wirkungsgrad	5.4.3	Geschwindigkeit	74
		5.5	Mechanische Arbeit und Leistung	75
6	Elektrisches Verhalten und Schaltung von Spannungsquellen	6.1	Quellenspannung, Klemmenspannung und innerer Widerstand von Spannungsquellen	77
		6.2	Zusammenschalten mehrerer Spannungsquellen	80
		6.3	Leistungsanpassung	82
7	Wirkungen des elektrischen Stroms	7.1	Wärmewirkung	84
		7.2	Magnetische Wirkung	88
		7.3	Chemische Wirkung	89
8	Spannungsquellen	8.1	Elektromagnetische Spannungserzeuger	91
		8.2	Akkumulatoren	93
9	Spannungs- und Stromarten	9.1	Wechselspannungen und Wechselströme	96
		9.1.1	Periodendauer, Frequenz und Wellenlänge	96
		9.1.2	Zeitwert einer sinusförmigen Wechselgröße	97
		9.1.3	Effektiv-, Scheitelwert (Maximal-, Spitzen-, Höchstwert, Amplitude) und Schwingungsbreite	100
		9.2	Spannungs- und Strompulse	102
		9.3	Mischgrößen	105
10	Elektrische Meßgeräte	10.1	Fehlergrenzen, Meßunsicherheit, Eigenverbrauch von Meßgeräten	108
		10.2	Strom- und Spannungsmessung, Meßbereichserweiterung	109
		10.3	Widerstandsbestimmung	114
		10.4	Leistungs- und Arbeitsmessung	119
		10.5	Messen mit dem Oszilloskop	121
11	Einführung in die Elektronik	11.1	Stromrichtungsunabhängige Widerstände	127
		11.2	Dioden	133

			Seite
12 Einführung in die Steuerungs- und Digitaltechnik	12.1 12.2	Rechnen mit Dualzahlen Logische Schaltungen	144 146
13 Einführung in die Schutzmaßnahmen			150
Anhang	Tabelle 1	Eigenschaften wichtiger Werkstoffe bei 20 °C	155
	Tabelle 2	Mindest-Leiterquerschnitt für Leitungen nach DIN 57 100/VDE 0100 Teil 523	156
	Tabelle 3	Magentisierungskurven wichtiger Magnetwerkstoffe für Spulenkerne	157
	Tabelle 4	Zuordnung von Überstrom-Schutzeinrichtungen nach DIN VDE 636	157
Sachwortverzeichnis			158

1 Grundlagen des fachkundlichen Rechnens

1.1 Runden von Zahlen (DIN 1333), Rechengenauigkeit, Überschlagsrechnung

Runden von Zahlen

Abrunden (Runden nach unten): Die letzte Stelle, die noch angegeben werden soll, bleibt unverändert, wenn eine 0, 1, 2, 3 oder 4 folgt.

Aufrunden (Runden nach oben): Die letzte Stelle wird um 1 erhöht, wenn eine 5, 6, 7, 8 oder 9 folgt.

Beispiele 1.1 $231{,}4 \approx 231$ $7653 \approx 7650$ $0{,}8132 \approx 0{,}813$ $4{,}0638 \approx 4{,}06$
$15793 \approx 15800$ $23{,}867 \approx 23{,}9$ $0{,}51782 \approx 0{,}518$ $372{,}8 \approx 373$

Vor einer 5 wird jedoch nur dann aufgerundet, wenn sie „echt" und nicht durch vorheriges Aufrunden aus einer 4 entstanden ist.

Beispiele 1.2 $3075 \approx 3080$ $2{,}6751 \approx 2{,}68$,   aber $0{,}030849 \approx 0{,}0308$

Rechengenauigkeit. Durch das Runden wird die Anzahl der **tragenden Ziffern** bestimmt. Nullen am Anfang von Dezimalbrüchen und am Ende ganzer Zahlen zählen nicht zu den tragenden Ziffern, wohl aber eine Null zwischen zwei von Null verschiedenen tragenden Ziffern (z. B. 307).

Die Anzahl der tragenden Ziffern bestimmt die **Genauigkeit** der Zahlenangabe, die nicht größer sein soll, als es dem jeweiligen Fall gemäß ist. **Technische Messungen** werden in der Regel mit höchstens 0,1 % Meßunsicherheit durchgeführt; das entspricht einer Anzeigegenauigkeit von 3 tragenden Ziffern, unabhängig von der Lage des Kommas. Bei **technischen Rechnungen** genügt dementsprechend meist die Genauigkeit von 3 tragenden Ziffern, wobei die 4. Ziffer der Zahlenangabe auch noch festgestellt werden sollte, um die 3. Ziffer richtig runden zu können.

Überschlagsrechnung. Es empfiehlt sich, vor der eigentlichen Ausrechnung eine Überschlagsrechnung vorzunehmen. Bei einiger Übung kann man damit eine Genauigkeit von mindestens 10 % erreichen. Sie gibt daher eine gute Kontrolle der schriftlichen Rechnung. Auch bei der Benutzung eines Taschenrechners ist die Überschlagsrechnung von Bedeutung, um Eingabefehler zu erkennen.

Beispiele 1.3 $\dfrac{127 \cdot 0{,}018}{16} \approx 8 \cdot 0{,}018 \approx \mathbf{0{,}15}$

$42 \cdot 18{,}2 \cdot 3600 \cdot 8{,}9 \approx 40 \cdot 20 \cdot 3600 \cdot 9 \approx 7200 \cdot 3600 \approx \mathbf{25\,000\,000}$

$\dfrac{3500}{660 \cdot 8{,}5 \cdot 0{,}75} \approx \dfrac{350}{66 \cdot 6{,}4} \approx \dfrac{5}{6{,}4} \approx \mathbf{0{,}8}$

Aufgaben

1. Folgende Zahlen sind auf 3 tragende Ziffern genau zu runden.

   a) 74,532   0,4367   0,89559   104,50
      94348   367,50   2,185

   b) 109,07   6,2750   324,08   28,749
      18980   3,14159   76,361

   c) 634508   8,2750   43,459   11,786
      8,361   0,14650   0,02135

   d) 0,1278   65,943   862,48   27,650
      74,43   54850   315,46

2. Die folgenden Aufgaben sind auf 3 tragende Ziffern genau auszurechnen.

   a) Wie groß ist die Gesamtlänge in dm?

   3,8 mm + 79,5 cm + 0,6 dm + 524 mm
   125 mm + 1/25 dm + 6 mm + 357 cm
   0,76 m − 108 mm + $38\frac{3}{4}$ cm − 0,5 dm

   b) Die Gesamtfläche ist in cm² zu berechnen.

   12,5 dm² + 34 cm² + 765 mm² + 0,921 m²
   83 mm² + $2\frac{3}{5}$ dm² + 0,126 m² + 38 cm²
   0,072 m² − 238 mm² + $5\frac{7}{8}$ dm² + 13 cm²

   c) Wie groß ist der gesamte Rauminhalt in dm³?

   0,015 dm³ + 324 cm³ + 576 mm³ + 0,0005 m³
   65 cm³ + $\frac{4}{5}$ dm³ + 7850 mm³ + 240 cm³
   0,125 m³ + 9,6 dm³ − 5240 mm³ − 380 cm³

   d) Die Gesamtmasse ist in kg zu berechnen.

   183 g + 0,06 kg + 2,28 kg + 650 g
   $2\frac{1}{4}$ kg + 678 g + 12 kg + 790 g
   0,5 kg − 360 g − 84 g + 1,02 kg

3. Die hier aufgeführten gemeinen Brüche bzw. gemischten Zahlen sind in Dezimalbrüche bzw. Dezimalzahlen umzuwandeln und diese mit 3 tragenden Ziffern genau zu schreiben.

   a) 1/2   4/10   11/25   14/40   23/50   1/3
   5/11   6/14 $2\frac{1}{5}$ $5\frac{12}{14}$ $3\frac{17}{30}$

   b) 3/4   2/10   11/20   3/25   9/50   4/6
   4/9   2/22 $3\frac{1}{2}$ $4\frac{8}{18}$ $5\frac{2}{45}$

   c) 1/4   6/16   9/20   7/25   1/7
   2/13   5/9 $4\frac{6}{8}$ $6\frac{3}{21}$ $12\frac{4}{15}$

4. Folgende Zeitwerte sind in Stunden und die Winkelwerte in Grad als Dezimalzahlen mit drei tragenden Ziffern zu schreiben.

   a) 6 h 24 min   48 min 52 s   3 h 50 s
   2 h 36 min 12 s   87500 s   48 min

   b) 30° 12'   45'   15° 54'   75° 8'   10° 26'
   257'   4° 348'   916'   25'

5. Die angeschriebenen Zeit- und Winkelwerte sollen in Stunden, Minuten und Sekunden bzw. in Grad und Winkelminuten ausgedrückt werden.

   a) 0,75 h   2/5 min   7,6 min   1380 s
   6,42 h   752 min   38,4 min   3/4 h

   b) 45,8°   12,5°   3/4°   526'
   9,75°   26,4°   1850'   5/8°   0,45°

1.2 Rechnen mit Gleichungen

Gleichungen. Eine wichtige Aufgabe in Technik und Wissenschaft ist es, die Abhängigkeit zweier oder auch mehrerer Größe voneinander zu ermitteln und auf möglichst einfache und übersichtliche Weise darzustellen. Oft ist es möglich, diese Abhängigkeit in Form einer Gleichung anzugeben. Darin werden die beiden Seiten der Gleichung durch ein Gleichheitszeichen miteinander verbunden.

Für die Berechnung einer Rechteckfläche mit den Seitenlängen 6 m und 4 m verwendet man z. B. die Gleichung 6 m · 4 m = 24 m²; für die Berechnung der Masse eines Werkstücks aus Kupfer mit dem Rauminhalt 5 dm³ und der Dichte 8,9 kg/dm³ die Gleichung $m = 8,9 \frac{\text{kg}}{\text{dm}^3} \cdot 5 \text{ dm}^3 = 44,5 \text{ kg}$.

Größen. In den Gleichungen, mit denen physikalische und technische Sachverhalte beschrieben werden, sind *Größen* miteinander verknüpft, die aus Zahlenwert und Einheit bestehen, z. B. in den vorstehenden Gleichungen die Längen 6 m und 4 m, die Fläche 24 m², der Rauminhalt 5 dm³, die Dichte 8,9 kg/dm³ und die Masse 44,5 kg.

Formeln. Da der durch eine Gleichung gegebene gesetzmäßige Zusammenhang jedoch nicht an bestimmte Zahlenwerte und Einheiten gebunden ist, kann man in die Gleichung zur Vereinfachung der Schreibweise Zeichen für die Größen einsetzen, z. B. Buchstaben. Man erhält so eine **Buchstabengleichung** oder **Formel**. Für die Berechnung der Fläche A eines Rechtecks mit den Seitenlängen l_1 und l_2 gilt z. B. die Formel $A = l_1 \cdot l_2$, für die Berechnung der Masse m eines Werkstücks mit der Dichte ϱ (griechisch rho) und dem Rauminhalt V die Formel $m = \varrho \cdot V$.

Formelzeichen. Welcher Buchstabe als Formelzeichen für eine Größe verwendet wird, ist eigentlich gleichgültig. Jedoch sind für verschiedene Größen auch verschiedene Formelzeichen zu wählen, die in einer Rechnung natürlich beibehalten werden müssen. Aus Gründen der Einheitlichkeit sind im Normblatt DIN 1304 für die wichtigsten Größen Formelzeichen festgelegt, z. B. l für Länge, A für Fläche, V für Rauminhalt, G für Gewichtskraft, m für Masse usw.

Reichen die Buchstaben zur Kennzeichnung gleichartiger Größen (z. B. von Längen) nicht aus, können sie zur weiteren Unterscheidung **Beizeichen** oder **Indizes** (Einzahl: Index) erhalten, die aus Ziffern oder Buchstaben bestehen, z. B. l_1, l_2, l_a.

Funktionsgleichung – Bestimmungsgleichung. Die Formel $m = \varrho \cdot V$ drückt die Abhängigkeit der Masse m vom Rauminhalt V aus. Man sagt, die Masse m ist eine Funktion des Rauminhalts V und umgekehrt, und nennt die Formel eine **Funktionsgleichung**.

Ist jedoch außer der Dichte des betreffenden Werkstoffs ein ganz bestimmter Rauminhalt gegeben, kann man mit der Formel $m = \rho \cdot V$ die Masse m ausrechnen. Aus der Funktionsgleichung ist eine **Bestimmungsgleichung** geworden. Für $\varrho = 8{,}9$ kg/dm³ und $V = 5$ dm³ erhält man z. B., wie oben bereits angeführt, die Masse

$$m = 8{,}9 \, \frac{\text{kg}}{\text{dm}^3} \cdot 5 \, \text{dm}^3 = 44{,}5 \, \text{kg}.$$

Formelumstellung. Um im vorstehenden Beispiel die Abhängigkeit des Rauminhalts V von der Masse m durch eine Formel anzugeben oder bei gegebener Masse m den dazugehörigen Rauminhalt V auszurechnen, ist keine neue Formel erforderlich. Man kann die Aufgabe durch **Umstellung** der Formel lösen. Teilt man z. B. beide Seiten der Formel $m = \varrho \cdot V$ durch die Dichte ϱ, erhält man $\frac{m}{\varrho} = \frac{\varrho \cdot V}{\varrho}$. Nach Kürzen auf der rechten Seite und Vertauschen beider Seiten heißt die Formel $V = \frac{m}{\varrho}$.

Zum Umstellen einer Formel ist es vorteilhaft, sie mit einer Waage zu vergleichen, deren Gleichgewicht nur dann erhalten bleibt, wenn man auf beiden Seiten stets die gleichen Veränderungen vornimmt. Eine Gleichung bleibt demnach richtig, wenn man bei der Formelumstellung

– auf beiden Seiten dieselbe Größe oder Zahl addiert oder subtrahiert,
– beide Seiten mit derselben Größe oder Zahl multipliziert oder durch sie dividiert,
– beide Seiten mit derselben Zahl potenziert oder aus beiden Seiten dieselbe Wurzel zieht.

Auch beim Vertauschen beider Seiten bleibt die Gleichung richtig.

Beispiel 1.4 Ein Rechteck hat die Fläche $A = 24$ cm². Die eine Seite l_1 ist 8 cm lang. Wie lang ist die Seite l_2?

Lösung Die Fläche eines Rechtecks ist $A = l_1 \cdot l_2$. Beide Seiten dieser Gleichung werden durch l_1 dividiert.

$$\frac{A}{l_1} = \frac{l_1 \cdot l_2}{l_1}$$

Beispiel 1.4, Auf der rechten Seite bleibt nach Kürzen von l_1 nur noch l_2. Die Seiten werden
Fortsetzung vertauscht.

$$l_2 = \frac{A}{l_1} = \frac{24 \text{ cm}^2}{8 \text{ cm}} = 3 \text{ cm}$$

Beispiel 1.5 Aus der Gleichung $S^2 = P^2 + Q^2$ soll S berechnet werden.
Lösung Aus beiden Seiten der Gleichung wird die Quadratwurzel gezogen.

$$\sqrt{S^2} = \sqrt{P^2 + Q^2}. \text{ Es ist aber } \sqrt{S^2} = S \text{ und damit}$$
$$S = \sqrt{P^2 + Q^2}.$$

Aufgaben

Die folgenden Formeln sind nach jeder der in ihnen vorkommenden Größen umzustellen.

1. a) $l = l_1 + l_2$
   $U_q = U + U_i$
   $\Delta R = R_2 - R_1$

   b) $U = U_1 + U_2 + U_3$
   $G = G_1 + G_2 + G_3$
   $\Delta \vartheta = \vartheta_2 - \vartheta_1$

   c) $I = I_1 + I_2 + I_3$
   $U_q = U_{q1} + U_{q2}$
   $P_v = P_1 - P_2$

2. a) $P = U \cdot I$
   $P = F \cdot v$
   $M = F \cdot l$

   b) $W = P \cdot t$
   $m = \varrho \cdot V$
   $S = U \cdot I$

   c) $W = F \cdot s$
   $A = l_1 \cdot l_2$
   $P = U \cdot I_w$

3. a) $I = \dfrac{U}{R}$
   $J = \dfrac{I}{A}$
   $B = \dfrac{\Phi}{A}$

   b) $G = \dfrac{1}{R}$
   $\eta = \dfrac{P_2}{P_1}$
   $v = \dfrac{s}{t}$

   c) $\gamma = \dfrac{1}{\rho}$
   $H = \dfrac{\Theta}{l}$
   $I_c = \dfrac{U}{X_c}$

4. a) $R = \dfrac{\varrho \cdot l}{A}$
   $\Delta R = \alpha \cdot R \cdot \Delta\vartheta$
   $X_L = 2\pi \cdot f \cdot L$

   b) $R = \dfrac{l}{\gamma \cdot A}$
   $Q = c \cdot m \cdot \Delta\vartheta$
   $S = 3 \cdot U_{St} \cdot I_{St}$

   c) $P = \dfrac{F \cdot s}{t}$
   $X_c = \dfrac{1}{2\pi \cdot f \cdot C}$
   $H = \dfrac{I \cdot N}{l}$

5. a) $\dfrac{U_1}{U_2} = \dfrac{N_1}{N_2}$
   $\dfrac{U_1}{U_2} = \dfrac{R_1}{R_2}$
   $\dfrac{U_1}{U} = \dfrac{R_1}{R}$

   b) $\dfrac{I_1}{I_2} = \dfrac{N_2}{N_1}$
   $\dfrac{I_1}{I_2} = \dfrac{R_2}{R_1}$
   $\dfrac{I_1}{I} = \dfrac{R}{R_1}$

   c) $\dfrac{I_1}{I_2} = \dfrac{U_2}{U_1}$
   $\dfrac{R_x}{R_n} = \dfrac{l_1}{l_2}$
   $\dfrac{R_1}{R_2} = \dfrac{R_3}{R_4}$

6. a) $P = I^2 \cdot R$
   $U^2 = U_w^2 + U_L^2$
   $S^2 = P^2 + Q^2$

   b) $P = \dfrac{U^2}{R}$
   $I^2 = I_w^2 + I_L^2$
   $c^2 = a^2 + b^2$

   c) $\dfrac{1}{R} = \dfrac{1}{R_1} + \dfrac{1}{R_2}$
   $Z^2 = R_w^2 + X^2$
   $l^2 = h^2 + a^2$

1.3 Taschenrechner

Ein Taschenrechner übernimmt beim Lösen der Fachrechenaufgaben das Ausrechnen des Zahlenergebnisses (1.1). Voraussetzung für seinen Einsatz ist jedoch eine sichere Handhabung. Deshalb müssen Sie sich anhand der Bedienungsanleitung und durch Übung mit ihm vertraut machen. Um Rechen- und Bedienungsfehler zu vermeiden, sollten Sie jede Rechenoperation durch Überschlagsrechnung überprüfen.

Die handelsüblichen Taschenrechner haben eine Vielzahl von Rechnerfunktionen. Deshalb sollen nachfolgend nur die wichtigsten vorgestellt werden, die für das Fachrechnen in der Grundstufe von Bedeutung sind. Die übrigen Funktionen sind der jeweiligen Gebrauchsanweisung zu entnehmen.

1.1 Taschenrechner

Ein Taschenrechner hat meist folgende Funktionen:

- 2.1375348	Anzeige	Zahlen mit meist bis zu 8 Stellen, höchstens 7 Stellen rechts vom Komma; bei negativen Zahlen Minuszeichen
ON/C	Einschalten	Kennzeichnen in der Anzeige das Zeichen „▲" und die Zahl „0". Speicher wird vollständig gelöscht.
ON/C	Löschen	Einmalige Betätigung vor einer Funktions- oder Operationstaste löscht falsche Eingabe in der Anzeige. Zweimalige Betätigung nach einer Funktions- oder Operationstaste löscht Anzeige und alle unvollständigen Operationen.
OFF	Ausschalten	Stromversorgung unterbrochen.
0 bis 9	Zifferntasten	Eingabe der Ziffern von 0 bis 9.
.	Komma	Eingabe des Dezimalkommas.
+/−	Vorzeichenwechsel	Betätigung nach einer Zahleneingabe oder Berechnung ändert das Vorzeichen der angezeigten Zahl.
π	π-Wert	Eingabe der Zahl π = 3,14159…
÷ x − + =	Division Multiplikation Subtraktion Addition Gleichheitsz.	Alle Rechenoperationen werden unmittelbar für die angezeigte Zahl durchgeführt. Einfache Aufgaben der Grundrechenarten werden in der Reihenfolge der Formulierung eingegeben.
( )	Klammer	Klammern werden in der Form des schriftlichen Ansatzes eingetastet. Bei Zweifel, ob der Rechner die Aufgabe in der gewünschten Folge abwickelt, Klammertasten betätigen!
x^2 $\sqrt{x}$ 1/x	Quadrat Quadratwurzel Reziprokwert	Diese Tasten bilden den Quadratwert bzw. die Quadratwurzel bzw. den Kehrwert der Anzeige. Sie werden unmittelbar nach Eingabe der Zahl oder nach beendeter Rechenoperation betätigt.

Einfache Rechenoperationen mit dem Rechner sind in Tab. **1.2** dargestellt.

Tabelle **1.2 Rechenbeispiele**

Rechenoperation/Beispiele	Eingabe	Taste	Anzeige
Addition und Subtraktion			
$28 + 6{,}3 = 34{,}3$	[2] [8]	[+]	28
	[6] [.] [3]	[=]	34.3
$32{,}27 - 7{,}32 = 24{,}95$	[3] [2] [.] [2] [7]	[−]	32.27
	[7] [.] [3] [2]	[=]	24.95
$19 + 9{,}5 - 3{,}7 = 24{,}8$	[1] [9]	[+]	19
	[9] [.] [5]	[−]	28.5
	[3] [.] [7]	[=]	24.8
$-7{,}3 + (-4{,}8) = -12{,}1$	[7] [.] [3]	[+/−] [+]	− 7.3
	[4] [.] [8]	[+/−] [=]	− 12.1
Multiplikation und Division			
$3{,}75 \cdot 0{,}96 = 3{,}6$	[3] [.] [7] [5]	[×]	3.75
	[.] [9] [6]	[=]	3.6
$84{,}7 : 15{,}2 = 5{,}5723684$	[8] [4] [.] [7]	[÷]	84.7
	[1] [5] [.] [2]	[=]	5.5723684
$\dfrac{7{,}3 \cdot (-2{,}5)}{3{,}2} = -5{,}703125$	[7] [.] [3]	[×]	7.3
	[2] [.] [5]	[+/−] [÷]	− 18.25
	[3] [.] [2]	[=]	− 5.703125

Kombinieren von Rechenoperationen

Die Regel „Punktrechnung vor Strichrechnung" wird vom Rechner (mit algebraischer Rechenlogik) berücksichtigt, d.h. Summen/Differenzen von Produkten/Quotienten werden in der Reihenfolge der Formulierung eingegeben.

$3 \cdot 5 + 4 \cdot 3 = 27$	[3]	[×]	3
	[5]	[+]	15
	[4]	[×]	4
	[3]	[=]	27
$\dfrac{1}{4} + \dfrac{2}{3} = 0{,}9166666$	[1]	[÷]	1
	[4]	[+]	0.25
	[2]	[÷]	2
	[3]	[=]	0.9166667

Auf weitere Rechenoperationen wird in diesem Buch an geeigneter Stelle eingegangen.
Die folgenden Aufgaben sind zunächst durch „Überschlagsrechnen" zu lösen.

Aufgaben

1. a) 156,37 + 34,32 c) 235,86 − 97,91
   b) 84,95 + 47,68   d) 157,36 − 78,64

2. a) 34,83 + 9,75 − 24,53
   b) 16,85 − 21,37 + 7,58
   c) 325mm + 456 mm − 275 mm + 165 mm − 366 mm
   d) 14,67 kg + 23,56 kg − 19,7 kg + 12,45 kg − 8,75 kg

3. a) $16,3 \text{ kg} \cdot \frac{2}{3} \cdot 2,7$
   b) $\frac{7}{12} \cdot 18,3 \text{ kg} \cdot 4,6$
   c) $\frac{350 \text{ N}}{12,5} \cdot 4,5 \text{ m}$
   d) $\frac{125 \text{ km/h}}{0,6} \cdot 4,7 \text{ h}$

4. a) $7,5 \cdot 3,2 \text{ kg} + 14,1 \cdot 2,5 \text{ kg}$
   b) $6,4 \text{ kg} \cdot 2,6 - 16,2 \text{ kg} \cdot 0,25$
   c) $\frac{12,34 \text{ cm}}{1,37} + 2,7 \cdot 1,37 \text{ cm}$
   d) $\frac{15,45 \text{ m}}{2,1} + 0,9 \cdot 3,75 \text{ m}$

5. a) $2,4 \cdot (4,39 + 16,23) - 12,34$
   b) $1,8 \cdot (38,78 - 17,6) + 4,75$
   c) $\frac{52 \text{ mm} + 36 \text{ mm}}{2} \cdot 45 \text{ mm}$
   d) $\frac{6,5 \text{ cm} + 4,5 \text{ cm}}{2} \cdot 5 \text{cm}$

6. a) $\frac{4,56 + 3,86}{2 \cdot 13}$
   b) $\frac{6,78 - 4,23}{0,7 \cdot 3}$
   c) $\frac{3 \cdot 235 \text{ km} + 2 \cdot 135 \text{ km}}{8,5 \text{ h} - 2,3 \text{ h}}$
   d) $\frac{7,8 \cdot 15 \text{ dm} - 3,2 \cdot 9 \text{ dm}}{15.5}$

7. a) $2,5 + 3,2 \cdot 4$
   b) $5,65 - 1,8^2$
   c) $3,5^2 - 1,8^2$
   d) $34^2 + 25^2$

1.4 Dreisatz- und Prozentrechnung

1.4.1 Dreisatzrechnung (Schlußrechnung)

Mit der Dreisatzrechnung wird aus drei gegebenen Größen die vierte, unbekannte Größe berechnet.

Rechenregeln

| **Direktes (gerades) Verhältnis** (je mehr, desto mehr) |

Beispiel 1.6 Eine Rolle Kupferdraht wiegt 84 kg. Wie lang ist der Draht, wenn 1000 m 112 kg wiegen?

Lösung 112 kg $\triangleq$ 1000 m Behauptungssatz

1 kg $\triangleq \frac{1000 \text{ m}}{112}$ Mittelsatz: Schluß auf die Einheit

84 kg $\triangleq \frac{1000 \cdot 84}{112}$ m Schlußsatz

84 kg $\triangleq$ **750 m**

oder als Verhältnisgleichung

$\frac{l_2}{l_1} = \frac{m_2}{m_1}$ $l_2 = \frac{l_1 \cdot m_2}{m_1}$ $l_2 = \frac{1000 \text{ m} \cdot 84 \text{ kg}}{112 \text{ kg}} = $ **750 m**

Indirektes (umgekehrtes) Verhältnis (je mehr, desto weniger)

Beispiel 1.7 Aus 1 kg Kupfer kann man 187 m Kupferrunddraht mit 6 mm² Querschnitt herstellen. Welche Drahtlänge erhält man bei 2,5 mm² Querschnitt?

Lösung
$6 \text{ mm}^2 \triangleq 187 \text{ m}$ — Behauptungssatz
$1 \text{ mm}^2 \triangleq 187 \cdot 6 \text{ m}$ — Mittelsatz: Schluß auf die Einheit
$2,5 \text{ mm}^2 \triangleq \dfrac{187 \cdot 6}{2,5} \text{ m}$ — Schlußsatz
$2,5 \text{ mm}^2 \triangleq \mathbf{449 \text{ m}}$

oder als Verhältnisgleichung

$$\frac{l_2}{l_1} = \frac{A_1}{A_2} \qquad l_2 = \frac{l_1 \cdot A_1}{A_2}$$

$$l_2 = \frac{187 \text{ m} \cdot 6 \text{ mm}^2}{2,5 \text{ mm}^2} = \mathbf{449 \text{ m}}$$

Mehrfache Verhältnisse. Hierbei sind 5 (7 oder 9 usw.) Größen gegeben, und die 6. (8. oder 10. usw.) Größe ist zu berechnen. Dazu sind gleichzeitig oder nacheinander die Teilverhältnisse (direkt oder indirekt) zu bilden.

Beispiel 1.8 Zur Herstellung von 1000 m Aluminiumdraht mit 4 mm² Querschnitt braucht man 108 kg Al. Welche Drahtlänge kann man aus 40 kg Al mit 2,5 mm² Querschnitt erreichen?

Lösung
$108 \text{ kg und } 4 \text{ mm}^2 \triangleq 1000 \text{ m}$ — Behauptungssatz
$1 \text{ kg und } 1 \text{ mm}^2 \triangleq \dfrac{1000 \cdot 4}{108} \text{ m}$ — Mittelsatz: Schluß auf die Einheit
$40 \text{ kg und } 2,5 \text{ mm}^2 \triangleq \dfrac{1000 \cdot 4 \cdot 40}{108 \cdot 2,5} \text{ m} = \mathbf{593 \text{ m}}$ — Schlußsatz

oder als Verhältnisgleichung mit $l_1 = 1000$ m, $A_1 = 4$ mm², $m_1 = 108$ kg, $A_2 = 2,5$ mm³ und $m_2 = 40$ kg

$$\frac{l_2}{l_1} = \frac{m_2 \cdot A_1}{m_1 \cdot A_2} \qquad l_2 = \frac{l_1 \cdot m_2 \cdot A_1}{m_1 \cdot A_2} = \frac{1000 \text{ m} \cdot 40 \text{ kg} \cdot 4 \text{ mm}^2}{108 \text{ kg} \cdot 2,5 \text{ mm}^2} = \mathbf{593 \text{ m}}$$

Aufgaben

1. Für die Herstellung von 1 kg Zinnlot 60 werden 600 g Zinn, 32 g Antimon und 368 g Blei gebraucht. Wieviel Gramm Zinn, Antimon und Blei erfordern a) 650 g, b) 3,8 kg, c) 200 g Zinnlot 60?

2. Ein Kabelgraben kann von 5 Arbeitern in 24 Arbeitsstunden ausgehoben werden. Wieviel Arbeitsstunden wenden a) 7, b) 3, c) 4 Arbeiter auf?

3. a) 100, b) 50, c) 20 Schrauben kosten 4,80 DM. Was kosten 80 Schrauben?

4. Ein Aufzug braucht für die Aufwärtsbewegung bei der Hubgeschwindigkeit 0,3 m/s die Fahrzeit 40 Sekunden. Mit welcher Fahrzeit muß man bei der Hubgeschwindigkeit a) 0,5 m/s, b) 0,2 m/s, c) 0,6 m/s für die gleiche Höhe rechnen?

5. Ein Facharbeiter kann ein Werkstück in 120 Minuten herstellen. Welche Stückzahl fertigt er in a) 8, b) 24, c) 42 Stunden?

6. Zur Herstellung einer Erdungsanlage werden 50 m Bandstahl mit der Masse

42 kg ausgegeben. Übrig bleiben a) 6 kg, b) 5 kg, c) 2,4 kg. Wieviel Meter Bandstahl wurden verarbeitet, und wie lang ist das Reststück?

7. Aus 10 kg Stahl kann man 17,1 m Bandstahl mit dem Querschnitt 25 mm x 3 mm herstellen. Wieviel Meter Bandstahl erhält man aus derselben Stahlmenge mit dem Querschnitt
   a) 40 mm x 2,5 mm,
   b) 60 mm x 4 mm,
   c) 30 mm x 3 mm?

8. 50 kg Kupfer ergeben 352 m Kupferdraht mit 16 mm² Querschnitt. Welche Leiterlänge erreicht man aus
   a) 38 kg mit 6 mm²,
   b) 1 kg mit 10 mm²,
   c) 1000 kg mit 25 mm²?

9. Ein Vielfach-Meßinstrument hat eine Skale mit 60 Teilstrichen. Wie groß ist die gemessene Stromstärke im 5-A-Bereich, wenn der Zeiger auf Teilstrich a) 38, b) 25, c) 52 steht?

10. Die Strichskale eines Vielfachinstruments hat 120 Teilstriche. Der Zeiger steht im 600-V-Bereich auf Teilstrich a) 43, b) 78, c) 96. Wie groß ist die angezeigte Spannung?

1.4.2 Prozentrechnung

Die Prozentrechnung ist eine Dreisatzrechnung mit dem Bezug auf Hundert; denn Prozent heißt „vom Hundert" (v.H.) oder „auf Hundert".

12 %	von	220 V	=	26,4 V	oder	0,12 · 220 V = 26,4 V
Prozentsatz		**Grundwert**		**Prozentwert**		

Der Grundwert entspricht immer 100 % = $\frac{100}{100}$. Dann sind 1 % = $\frac{1}{100}$ des Grundwerts.
Aus Grundwert und Prozentsatz kann man mit der Dreisatzrechnung den Prozentwert berechnen, ebenso aus Prozentsatz und Prozentwert den Grundwert sowie aus Grundwert und Prozentwert den Prozentsatz.

Bei jeder Prozentrechnung ist es wichtig, den richtigen Grundwert zu beachten. Beispiele für den Einsatz des Taschenrechners:

Beispiel 1.9		Eingabe	Taste	Anzeige
	12 % von 220 mit Prozenttaste	1 2	% ×	0.12
		2 2 0	=	26.4
	oder	, 1 2	×	0.12
		2 2 0	=	26.4
Beispiel 1.10	6,5 % von 10,5 + 22	1 0 . 5	+	10.5
		2 2	= ×	32.5
		6 . 5	%	0.065
			=	2.1125
	oder	1 0 . 5	+	10.5
		2 2	= ×	32.5
		. 0 6 5	=	2.1125

Aufgaben

1. Folgende Prozentsätze sind als Bruchteile des Grundwerts anzuschreiben.
   a) 1 % 2,5 % 3 % 5 % 10 %
      12,5 % 15 % 20 % 25 % 50 %
   b) 65 % 80 % $66\frac{2}{3}$ % 30 % $33\frac{1}{3}$ %
      4,5 % 0,5 % 0,03 % 87,5 % 17,4 %

2. Folgende Bruchteile des Grundwerts sind in Prozentsätze zu verwandeln.
   a) 1/2 1/3 1/4 1/5 1/6 1/7 1/8 1/20
      1/25 1/30 1/50 2/3 3/4 3/8
   b) 5/8 7/10 3/20 4/25 6/50 23/40
      7/8 2/5 5/6 1/7 2/9 7/9 11/18

3. Der prozentuale Spannungsfall in einer Leitung darf a) 1,5 %, b) 0,5 %, c) 3 % der Netzspannung nicht überschreiten. Welcher Spannungsfall in Volt ist bei der Netzspannung 220 V zulässig?

4. In der Zuleitung zu einer Verbraucheranlage tritt bei 380 V Netzspannung der Spannungsunterschied zwischen Anfang und Ende der Leitung von a) 4,2 V, b) 8,5 V, c) 6,3 V auf. Wie groß ist der Spannungsunterschied zwischen Anfang und Ende der Leitung in Prozent der Netzspannung?

5. Die Klemmenspannung eines Elektrowärmegeräts beträgt beim Betrieb am 220-V-Netz a) 214 V, b) 206 V, c) 212 V. Wie groß ist der in der Zuleitung verursachte Spannungsfall in Prozent der Netzspannung?

6. Messing Ms 80 besteht aus 80 % Kupfer und 20 % Zink. Wieviel kg Kupfer und Zink sind in a) 3,5 kg, b) 27 kg, c) 84 kg Ms 80 enthalten?

7. Der in einer Zuleitung entstehende Leistungsverlust soll 2,5 % der aus dem Netz aufgenommenen Leistung nicht überschreiten. Wie groß darf der Leistungsverlust in der Zuleitung bei a) 35 kW, b) 12 kW, c) 86 kW Leistungsaufnahme durch den Verbraucher im Höchstfall sein?

8. Die Legierung Kupfernickel (CuNi) besteht aus 54 % Kupfer, 45 % Nickel und 1 % Mangan. Wieviel kg dieser Legierung kann man bei Verwendung von a) 1,5 kg Kupfer, b) 3,8 kg Nickel, c) 180 g Mangan herstellen?

9. Für eine elektrische Anlage sollen
   a) 16 m, b) 42 m, c) 138 m Leitung verlegt werden. Mit welchem Verlust ist zu rechnen, wenn
   a) 4 %, b) 5 %, c) 3 %
   der verlegten Leitungslänge als Verschnitt angenommen werden?

10. Das Aufmaß ergibt eine verlegte Leitung von
    a) 56 m, b) 328 m, c) 7,5 m Länge. Welche Leitungslänge muß man berechnen, wenn für den Verschnitt 5 % der verlegten Leitungslänge angenommen werden?

11. Für eine Installation wurden 50 m Leitung ausgegeben. Das Aufmaß ergab
    a) 33,8 m, b) 26 m, c) 42 m verlegte Leitung.
    Wie groß ist der Verschnitt in Prozent der verlegten Leitungslänge, wenn
    a) 14 m, b) 22,5 m, c) 6,5 m Leitung zurückgegeben wurden?

12. Für die Herstellung einer Motorwelle werden 420 mm Rundstahl mit dem Durchmesser 24 mm und der Masse 1,438 kg verwendet. Die fertige Welle wiegt
    a) 1,32 kg, b) 1,28 kg, c) 1,06 kg.
    Wie groß ist der Verschnitt in Prozent des Fertiggewichts?

13. Der Bruttoverdienst eines Facharbeiters beträgt
    a) 1496 DM, b) 2100 DM, c) 1725 DM;
    an Abzügen für Steuern und für Sozialversicherung werden
    a) 39 %, b) 35 %, c) 37 % einbehalten.
    Wieviel bekommt er ausbezahlt?

14. Ein Facharbeiter erhält für Überstunden zusätzlich
    a) 48 DM, b) 63 DM, c) 112 DM ausbezahlt.
    Wie hoch ist der zusätzliche Bruttoverdienst, wenn
    a) 39 %, b) 35 %, c) 37 %
    für Abzüge einbehalten wurden.

15. Mit Hilfe einer Vorrichtung wird die Fertigungszeit eines Werkstücks um
    a) 15 %, b) 12 %, c) 20 % auf 17 min gesenkt.
    Wie lange dauerte die Fertigungszeit vorher?

1.5 Berechnen von Längen, Flächen, Volumen und Massen

1.5.1 Berechnen von Längen

Den Kreisumfang l erhält man, indem man den Durchmesser des Kreises mit der Zahl $\pi = 3{,}14$ multipliziert (π: griechisch pi, **1.3**).

$$l = \pi \cdot d$$

Den mittleren Windungsdurchmesser d_m für S p u - l e n w i c k l u n g e n berechnet man aus Außendurchmesser d_a und Innendurchmesser d_i mit der Formel   **1.3**

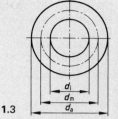

$$d_m = \frac{d_a + d_i}{2},$$

die mittlere Windungslänge l_m mit der Formel

$$l_m = \pi \cdot d_m.$$

Seiten im rechtwinkligen Dreieck (1.4)
a, b = Katheten, c = Hypotenuse
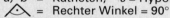 = Rechter Winkel = 90°

Lehrsatz des Pythagoras

$$a^2 + b^2 = c^2$$

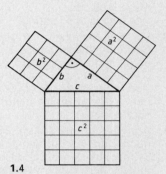

1.4

Im rechtwinkligen Dreieck ist das Quadrat über der Hypotenuse c gleich der Summe der Quadrate über den beiden Katheten a und b.

Beispiel 1.11 Wieviel Meter Draht enthält eine Rolle aus $N = 160$ Windungen mit dem mittleren Windungsdurchmesser $d_m = 200$ mm?

Lösung Drahtlänge $l = l_1 \cdot N = d_m \cdot \pi \cdot N = 0{,}2 \text{ m} \cdot 3{,}14 \cdot 160 = \mathbf{100\ m}$

Beispiel 1.12 Ein rechtwinkliges Dreieck hat die Kathetenlängen $a = 4$ cm und $b = 3$ cm. Wie lang ist die Hypotenuse c?

Lösung $c^2 = a^2 + b^2$ Aus beiden Seiten der Gleichung wird die Wurzel gezogen.

$$c = \sqrt{a^2 + b^2} = \sqrt{(4\text{ cm})^2 + (3\text{ cm})^2} = \sqrt{16\text{ cm}^2 + 9\text{ cm}^2} = \sqrt{25\text{ cm}^2} = \mathbf{5\ cm}$$

Die meisten Taschenrechner verfügen über eine π-Taste. Eine mit dieser Taste ausgeführte Rechnung ist genauer, als wenn man für $\pi = 3{,}14$ einsetzt.

Beispiel 1.13	Eingabe	Taste	Anzeige
$0{,}2 \cdot \pi \cdot 160$	. 2	×	0.2
	π		3.1415927
		×	0.6283185
	1 6 0	=	100.53096
Beispiel 1.14 $4^2 + 3^2$	4	x^2 +	16
	3	x^2	9
		=	25

17

Aufgaben

1. Zwischen zwei Abzweigdosen sind a) 10 m, b) 7,8 m, c) 5,4 m gerade Leitung zu verlegen. Der Schellenabstand soll etwa 30 cm, der Abstand der Endschellen von den Abzweigdosen 15 cm betragen. Wieviel Schellen sind zu setzen, und wie groß ist ihr tatsächlicher Abstand zu wählen?

2. Ein Bund Mantelleitung hat
   a) 34 Windungen,
   b) 16 Windungen,
   c) 25 Windungen
   und den mittleren Windungsdurchmesser 65 cm.
   Wie lang ist die Leitung?

3. Für eine Installation wurde ein Bund NYA mit 100 m Länge ausgegeben, a) 25 Windungen, b) 36 Windungen, c) 18 Windungen mit dem mittleren Durchmesser 25 cm sind übriggeblieben. Wieviel Meter Leitung wurden verarbeitet?

4. Aus Bandstahl sollen 25 Schellen nach Bild **1.5** für ein Kabel mit a) 34 mm, b) 28 mm, c) 30 mm Durchmesser hergestellt werden.
   Wieviel Meter Bandstahl sind erforderlich, wenn der Verschnitt 5 % der Fertiglänge beträgt?

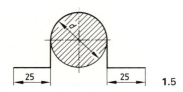

1.5

5. Die in Bild **1.6** dargestellte Schelle für zwei Kabel mit dem Durchmesser a) 15 mm, b) 12 mm, c) 8 mm ist herzustellen. Welche Bandstahllänge ist erforderlich?

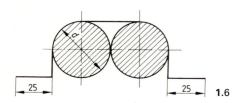

1.6

6. Auf dem zylindrischen Isolierkörper **1.7** mit den Maßen
   a) $l = 25$ cm und $d_a = 50$ mm,
   b) $l = 30$ cm und $d_a = 45$ mm,
   c) $l = 42$ cm und $d_a = 38$ mm
   befindet sich eine Lage Widerstandsdraht mit dem Durchmesser 1,2 mm. Die Windungen sind so dicht aufgebracht, daß sie sich berühren. Wie lang ist eine Drahtwindung, und wie groß sind Windungszahl und Länge des aufgebrachten Widerstandsdrahts?

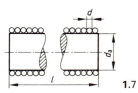

1.7

7. Eine Magnetspule hat den Innendurchmesser $d_i = 28$ mm, den Außendurchmesser
   d_a a) 35 mm, b) 40 mm, c) 38 mm
   und 640 Windungen (**1.8**).
   Wie groß sind mittlerer Windungsdurchmesser, mittlere Windungslänge und Länge des Spulendrahts?

1.8

8. Wie lang ist der Abspanndraht für den Mast in Bild **1.9** mit
   a) 6 m, b) 8,4 m, c) 9,5 m Höhe und dem Abstand $a = 3,5$ m?

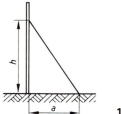

1.9

9. Wieviel Meter Leitung werden eingespart, wenn ein rechteckig umbauter Hof mit den Längen
   a) 6 m und 8,4 m,
   b) 4,8 m und 5 m,
   c) 7,5 m und 10 m
   diagonal überspannt wird gegenüber einer Leitungsführung entlang den Gebäuden?

10. Zur Aufstellung eines Elektromotors ist eine Konsole nach Bild **1.10** anzufertigen. Wieviel Meter Winkelstahl sind für folgende Maße der Konsole erforderlich:
    a) $l = 500$ mm und $h = 400$ mm,
    b) $l = 420$ mm und $h = 350$ mm,
    c) $l = 380$ mm und $h = 300$ mm?

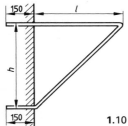
1.10

11. Eine Spule wird statt mit übereinanderliegenden Windungen (**1.11**) so gewickelt, daß die folgende Wicklungslage „auf Lücke" gelegt wird (**1.12**). Wie groß wird für beide Wicklungsarten die Wickelhöhe h_w für drei Wicklungslagen, wenn Draht mit dem Durchmesser a) 5 mm, b) 3 mm, c) 6 mm verwendet wird?

1.11   1.12

12. Ein ehemals 9 m hoher Freileitungsmast ist abgebrochen. Der obere Teil liegt so, daß der Abstand a) 1,5 m, b) 2,5 m, c) 3,5 m vom Maststumpf beträgt (**1.13**). In welcher Höhe h ist der Mast abgebrochen?

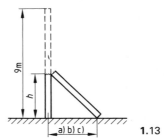
1.13

1.5.2 Berechnen von Flächen

Den Flächeninhalt A erhält man mit folgenden Formeln.

Rechteck (1.14)

$$A = l_1 \cdot l_2$$

1.14

Dreieck (1.15)

$$A = \frac{l \cdot h}{2}$$

1.15

Trapez (1.16)

$$A = l_m \cdot h$$

1.16

Kreis (1.17)

$$A = \frac{\pi}{4} d^2$$

1.17

mit der mittleren Grundlinie

$$l_m = \frac{l_1 + l_2}{2}$$

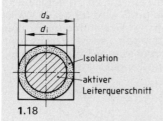

Unter dem Füllfaktor f eines isolierten Drahtes mit kreisförmigem Querschnitt versteht man das Verhältnis des „aktiven" Leiterquerschnitts und dem Quadrat um den äußeren Durchmesser, also einschließlich der Drahtisolation d_a^2. Es ist also entsprechend Bild **1.18**

$$f = \frac{d_i^2 \cdot \pi}{4 \cdot d_a^2}$$

Beispiel 1.15 Aus einem rechteckigen Blech mit den Seitenlängen $l_1 = 405$ mm und $l_2 = 460$ mm wird eine runde Scheibe mit dem Durchmesser $d = 40$ cm gestanzt. Wie groß ist der Abfall in Prozent vom Ausgangsmaterial?

Lösung $A_1 = l_1 \cdot l_2 = 40{,}5$ cm $\cdot 46$ cm $= 1863$ cm^2

$$A_2 = \frac{d_2 \cdot \pi}{4} = \frac{(40 \text{ cm})^2 \cdot 3{,}14}{4} = 1257 \text{ cm}^2$$

Abfall: $\Delta A = A_1 - A_2 = 1863$ cm$^2 - 1257$ cm$^2 = 606$ cm$^2 \stackrel{\wedge}{=}$ **32,5 %**

Beispiel 1.16 für den Rechnereinsatz $\boxed{4}$ $\boxed{0}$ $\boxed{x^2}$ $\boxed{\times}$ $\boxed{1600}$

$\dfrac{40^2 \cdot \pi}{4}$ $\boxed{\pi}$ $\boxed{3{.}1415927}$

$\boxed{\div}$ $\boxed{5026{.}5482}$

$\boxed{4}$ $\boxed{4}$

$\boxed{=}$ $\boxed{1256{.}6371}$

gerundet **1257**

Beispiel 1.17 Ein Kupferdraht hat den blanken Durchmesser $d_i = 5$ mm. Mit Isolation ist der Durchmesser $d_a = 5{,}4$ mm. Wie groß ist der Füllfaktor f?

Lösung $f = \dfrac{d_i^2 \cdot \pi}{4 \cdot d_a^2} = \dfrac{(5 \text{ mm})^2 \cdot 3{,}14}{4 \cdot (5{,}4 \text{ mm})^2} = $ **0,673**

Aufgaben

1. Ein blanker Stahldraht hat a) 3 mm, b) 2,5 mm, c) 1,8 mm Durchmesser. Wie groß ist der Drahtquerschnitt?

2. Wie groß ist der Durchmesser eines Kupferdrahts mit a) 1,5 mm², b) 2,5 mm², c) 4 mm² Nennquerschnitt?

3. Ein Leitungsseil besteht aus
   a) 7 Einzeldrähten mit je 1,8 mm
   b) 19 Einzeldrähten mit je 3,6 mm,
   c) 37 Einzeldrähten mit je 2,7 mm Durchmesser. Wie groß ist der Querschnitt des Leitungsseils?

4. Für Staberder verwendet man Flußstahlrohr 1 Zoll mit dem Außendurchmesser 33,5 mm und der Wanddicke 3,25 mm oder Winkelstahl L 65 x 7, für Hilfserder Flußstahlrohr 1/2 Zoll mit dem Außendurchmesser 21,3 mm und der Wanddicke 2,75 mm. Wie groß sind die jeweiligen Querschnitte?

5. Ein Aluminium-Stahl-Seil besteht aus
   a) 26 Aluminiumdrähten mit je 3 mm Durchmesser und 7 Stahldrähten mit je 2,7 mm Durchmesser,
   b) 14 Aluminiumdrähten mit je 2 mm Durchmesser und 7 Stahldrähten mit je 2,4 mm Durchmesser,
   c) 24 Aluminiumdrähten mit je 3,74 mm Durchmesser und 7 Stahldrähten mit je 2,48 mm Durchmesser.
   In welchem Verhältnis stehen die Querschnitte des Stahlkerns und des Aluminiummantels zueinander?

6. Ein Rundkupferleiter mit dem Durchmesser a) 8 mm, b) 12,3 mm, c) 22,3 mm soll durch einen Flachkupferleiter mit 2,5 mm Dicke ersetzt werden.
   Wie breit muß das Flachkupfer mindestens sein?

7. Wie groß sind die Fläche des in Bild **1.19** dargestellten Transformatorbleches und die bei der Herstellung anfallende Verschnittfläche in Prozent des fertigen Bleches?
   a) l_1 = 120 mm und l_2 = 90 mm
   b) l_1 = 100 mm und l_2 = 80 mm
   c) l_1 = 128 mm und l_2 = 112 mm

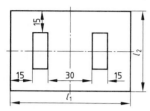

1.19

8. Wie groß ist der in Bild **1.20** dargestellte Querschnitt einer Kontaktschiene? Um wieviel Prozent wird der rechteckige Querschnitt durch die dreieckigen Führungsnuten geschwächt?
   a) l_1 = 16 mm l_3 = 4 mm
      l_2 = 30 mm l_4 = 6 mm
   b) l_1 = 20 mm l_3 = 6 mm
      l_2 = 40 mm l_4 = 5 mm
   c) l_1 = 28 mm l_3 = 5 mm
      l_2 = 50 mm l_4 = 6 mm

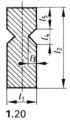

1.20   1.21

9. Wie groß ist der Querschnitt der in Bild **1.21** dargestellten Ankernute mit folgenden Maßen?
   a) l_1 = 12 mm l_3 = 18 mm
      l_2 = 38 mm l_4 = 8 mm
   b) l_1 = 8 mm l_3 = 12 mm
      l_2 = 26 mm l_4 = 6 mm
   c) l_1 = 14 mm l_3 = 20 mm
      l_2 = 50 mm l_4 = 10 mm

10. Eine Ankernute hat die Maße l_1 = 15 mm und l_2 = 40 mm (**1.22**). Um einen Körperschluß zu vermeiden, ist die Nute innen mit einer 2 mm dicken Isolation ausgekleidet.
   a) Wie groß ist die zur Verfügung stehende Wickelfläche A_w? Wieviel Windungen mit
   b) 3 mm Innendurchmesser und 3,2 mm Durchmesser mit Isolation,
   c) 0,8 mm Innendurchmesser und 1,0 mm Durchmesser mit Isolation,
   d) 2,2 mm Innendurchmesser und 2,4 mm Durchmesser mit Isolation lassen sich in dem Wickelraum unterbringen?
   e) Wie groß ist der Nutenfüllfaktor?

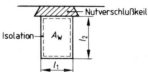

1.22

11. Berechnen Sie die Nutenfüllfaktoren für die Drähte 0,5 mm (blank)/0,6 mm (mit Isolation); 1,0 mm/1,1 mm; 1,5 mm/1,6 mm; 2,0 mm/2,1 mm; 2,5 mm/2,6 mm; 3,0 mm/3,1 mm; 3,5 mm/3,6 mm; 4,0 mm/4,1 mm. Stellen Sie die Abhängigkeit des Füllfaktors vom blanken Drahtdurchmesser (hier gleichbleibende Isolationsstärke) grafisch dar. Welche Schlußfolgerung ziehen Sie aus dem Ergebnis?

12. Der Spulenkörper **1.23** hat die Maße:
   a) d_i = 30 mm d_a = 50 mm l_w = 50 mm
   b) d_i = 42 mm d_a = 64 mm l_w = 38 mm
   c) d_i = 28 m d_a = 40 mm l_w = 46 mm

Der Spulenkörper soll eine Wicklung aus Kupferdraht mit 0,8 mm Durchmesser erhalten. Der Füllfaktor wird mit 62 % angenommen. Berechnen Sie die Wickelhöhe h_w, den zur Verfügung stehenden Wickelquerschnitt, die Windungszahl und die unterzubringende Leiterlänge.

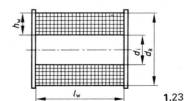

1.23

21

1.5.3 Berechnen von Volumen und Massen

Den Rauminhalt oder das Volumen V von Prisma und Zylinder erhält man durch Multiplikation der Grundfläche bzw. des Querschnitts A mit der Höhe h bzw. Länge l.

Prisma (1.24)

$$V = A \cdot h \quad \text{mit} \quad A = l_1 \cdot l_2$$

Zylinder (1.25)

$$V = A \cdot h \quad \text{mit} \quad A = \frac{\pi}{4} d^2$$

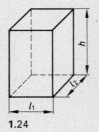
1.24

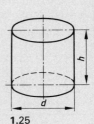
1.25

Die Masse m eines Körpers, in der Umgangssprache meist als Gewicht bezeichnet, erhält man aus seinem Rauminhalt V und der Dichte ρ (griechisch rho) des Werkstoffs mit der Formel

Masse

$$m = \varrho \cdot V$$

m in g, kg oder Mg = t
V in cm³, dm³ oder m³

ρ in $\dfrac{g}{cm^3}$, $\dfrac{kg}{dm^3}$ oder $\dfrac{Mg}{m^3} = \dfrac{t}{m^3}$.

Beispiel 1.18 Eine zweiadrige Kupferleitung hat die Länge l = 25 km. Jeder der beiden Kupferleiter hat den Durchmesser d = 5,64 mm. Wie groß ist die Masse der beiden Leiter (ρ = 8,9 kg/dm³)?

Lösung Die angegebenen Maße umgerechnet in dm ergeben:
25 km = 250 000 dm und 5,64 mm = 0,0564 dm

Volumen $V = l \cdot A = 2 \cdot 250\,000$ dm $\cdot \dfrac{(0{,}0564 \text{ dm})^2 \cdot 3{,}14}{4} = 1249$ dm³

Masse $m = \rho \cdot V = 8{,}9 \, \dfrac{\text{kg}}{\text{dm}^3} \cdot 1249$ dm³ = **11 116 kg**

Beispiel 1.19 für den Rechnereinsatz. Ein würfelförmiger Stahlblock hat die Kantenlänge l = 0,65 m. Wie groß sind Volumen und Masse?

Lösung $V = l \cdot l \cdot l = l^3 = 0{,}65$ m $\cdot$ 0,65 m $\cdot$ 0,65 m = **0,274625 m³**

$m = \rho \cdot V = 7{,}85 \, \dfrac{t}{m^3} \cdot 0{,}274625$ m³ = **2,156 t**

$0{,}65^3$ [.] [6] [5] [y^x] [0.65]
           [3]   [=]   [0.274625]

gerundet **0,275**

Dieses Zwischenergebnis wird nicht gelöscht
$0{,}65^3 \cdot 7{,}85$ [x]   [0.274625]
           [7] [.] [8] [5]   [=]   [2.1558063]

gerundet **2,16**

22

Aufgaben

1. Ein Banderder aus verzinktem Bandstahl hat die Länge a) 80 m, b) 50 m, c) 30 m und den Querschnitt 100 mm². Wie groß sind sein Volumen und seine Masse?

2. Wie groß sind Volumen und Masse eines blanken Kupferdrahts mit folgenden Angaben:
   a) l =168 m und A = 1,5 mm²,
   b) l =100 m und A = 0,75 mm²,
   c) l = 24 m und A = 2,5 mm²?

3. Wie groß ist die Masse eines Plattenerders mit den Maßen:
   a) 1000 x 500 x 3,
   b) 1000 x 1000 x 4,
   c) 860 x 420 x 5?

4. Für eine Rolle aus blankem Kupferdraht mit Querschnitt und Masse
   a) 4 mm², 39 kg,
   b) 6 mm², 45 kg,
   c) 10 mm², 28 kg
   ist die Drahtlänge zu berechnen.

5. Für einen Banderder braucht man Bandstahl
   a) 50 m mit den Maßen 30 x 4
   b) 100 m mit den Maßen 45 x 3,
   c) 25 m mit den Maßen 35 x 3.
   Wieviel Kilogramm Bandstahl sind zu bestellen?

6. Eine Freileitung besteht aus einem Aluminium-Stahl-Seil mit
   a) 14 Al-Drähten von 2 mm Durchmesser und 7 Stahldrähten mit 2,4 mm Durchmesser,
   b) 6 Al-Drähten mit 1,8 mm Durchmesser und 1 Stahldraht mit 1,8 mm Durchmesser,
   c) 26 Al-Drähten mit 2,44 mm Durchmesser und 7 Stahldrähten mit 1,9 mm Durchmesser.
   Die Leitung ist 1,6 km lang. Wie groß ist ihre Masse, und wie hoch sind der prozentuale Masseanteil des Stahlkerns und des Aluminiummantels?

7. Eine Rolle aus blankem Kupferdraht mit
   a) 2,8 mm Durchmesser wiegt 7,8 kg,
   b) 0,6 mm Durchmesser wiegt 2,4 kg,
   c) 4,5 mm Durchmesser wiegt 5,6 kg.
   Wieviel Meter Draht sind auf der Rolle?

8. Für einen Staberder braucht man 5 m Flußstahlrohr mit den Maßen:
   a) 1 Zoll mit 33,5 mm Außendurchmesser und 3,25 mm Wanddicke
   b) 1 1/2 Zoll mit 48,25 mm Außendurchmesser und 3,5 mm Wanddicke,
   c) 1/2 Zoll mit 21,25 mm Außendurchmesser und 2,75 mm Wanddicke.
   Wie groß ist die Masse des Erders?

9. Das Blechpaket eines Käfigläufers mit a) 12cm, b) 18 cm, c) 9 cm Durchmesser ist 104 mm lang und besteht aus Blechen it 0,8 mm Dicke. Der Läufer hat 22 runde Nuten mit je 7 mm Durchmesser. Wie groß sind das Eisenvolumen und die Masse des Blechpakets? Aus wieviel Blechen besteht das Paket?

10. Das Blechpaket eines Transformators besteht aus
    a) 25, b) 16, c) 34 der in Bild **1**.26 dargestellten Bleche. Die Bleche sind je a) 0,4 mm, b) 0,5 mm, c) 0,3 mm dick. Wie groß ist die Masse des Blechpakets?

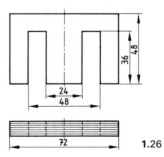

1.26

11. Der in Bild **1**.27 dargestellte Spulenkörper hat die Wickellänge a) 42 mm, b) 35 mm, c) 28 cm. Er soll mit einer

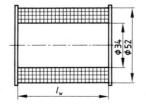

1.27

Wicklung aus Kupferlackdraht mit 0,65 mm Außendurchmesser versehen werden. Der Füllfaktor wird mit 0,8 angenommen, das Drahtgewicht für 1000 m beträgt 2,95 kg. Berechnen Sie die Windungszahl, die Leiterlänge und die Masse des erforderlichen Spulendrahts.

1.6 Funktionen und Kennlinien

Man kann die Abhängigkeit zweier Größen voneinander in einem Diagramm (Schaubild) durch eine Kennlinie darstellen. Dabei ist zu unterscheiden, ob der Zusammenhang gefunden wurde auf Grund statistischer, physikalischer oder technischer Beobachtungen und Messungen oder ob dieser Zusammenhang ein streng gesetzmäßiger ist, das heißt sich durch eine Funktionsgleichung (s. Abschn. 1.2) beschreiben läßt.

Ein Beispiel für eine Funktion, die nicht durch eine Funktionsgleichung berechnet, sondern nur durch Messen ermittelt werden kann, ist die Inanspruchnahme elektrischer Energie durch einen Industriebetrieb in Abhängigkeit von der Tageszeit. Die im Verlauf eines Tages gemessene elektrische Leistung wird zusammen mit der jeweiligen Uhrzeit in einer Wertetabelle angeschrieben.

Uhrzeit	0	2	4	6	8	10	12	14	16	18	20	24
elektrische Leistung in kW	40	40	40	52	630	875	902	836	742	917	928	40

Mit diesen Wertepaaren erhält man die in Bild **1.28** dargestellte Kennlinie.

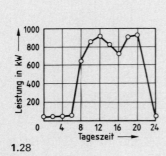

1.28

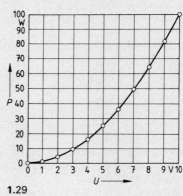

1.29

Ist die Abhängigkeit zweier Größen voneinander durch eine Funktionsgleichung darstellbar, kann man für eine der beiden Größen beliebige Werte annehmen und dann mit der Funktionsgleichung die dazugehörigen Werte der anderen Größe berechnen.

Für die Abhängigkeit der elektrischen Leistung P von der Spannung U bei konstantem Widerstand R gilt z. B. die Gleichung $P = U^2 / R$. Durch Einsetzen verschiedener Werte für U bei R (konst) = 1 Ω und Ausrechnen der dazugehörigen Leistung P erhält man die folgende Wertetabelle:

U in V	1	2	3	4	5	6	7	8	9	10
P in W	1	4	9	16	25	36	49	64	81	100

Die Wertepaare U und P ergeben die in Bild **1.29** dargestellte Kennlinie.

> Die Größe, für die man zunächst willkürlich Werte annimmt, heißt **unabhängige Veränderliche**. Sie wird bei der bildlichen Darstellung des funktionalen Zusammenhangs in der Regel auf der **waagerechten** Achse des Schaubildes abgetragen.
>
> Die Größe, die eine Funktion der unabhängig Veränderlichen ist, heißt **abhängig Veränderliche**. Sie wird meist auf der **senkrechten** Achse abgetragen.

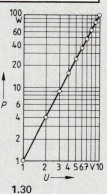

Jeder Punkt der Kennlinie entspricht einem einzigen Wertepaar der beiden zusammengehörigen Veränderlichen. Umgekehrt wird jedes Wertepaar durch einen ganz bestimmten Punkt in der Zeichenebene dargestellt. Verbindet man die einzelnen Punkte miteinander, erhält man als Funktionskurve die Kennlinie der Funktion

Eine andere Möglichkeit, die Funktionsgleichung $P = U^2/R$ grafisch darzustellen, zeigt Bild **1.30** Hier sind die beiden Achsen nicht wie in Bild **1.29** linear geteilt, sondern **logarithmisch** (s. Abschn. 1.8.4). Die Vorteile der in der Technik häufig angewendeten logarithmischen Teilung gegenüber der linearen liegen in der oft einfacheren Darstellung von Kennlinien, in der besseren Ablesbarkeit in bestimmten Kennlinienbereichen und in der Platzeinsparung.

1.30

Aufgaben

1. Für die folgenden Durchmesser sind die dazugehörigen Kreisinhalte aus der Kennlinie **1.31** abzulesen und die Richtigkeit und Ablesegenauigkeit durch Rechnung zu prüfen.
   3 mm, 5,8 mm, 7,4 mm, 8,2 mm, 6,64 mm

2. Für die folgenden Kreisinhalte sind die dazugehörigen Durchmesser aus der Kennlinie abzulesen und die Richtigkeit und Ablesegenauigkeit durch Rechnung zu prüfen.
   4 mm²   3,8 mm²   6,3 mm²   73,2 mm²
   28 mm²   50 mm²   19,3 mm²   48 mm²
   6 mm²   25 mm²

3. Die Abhängigkeit des Kreisumfangs l vom Kreisdurchmesser d ist für $d = 0$ bis 10 cm durch eine Wertetabelle und eine Kennlinie darzustellen. Sodann sind für die Durchmesser 5,7 cm;

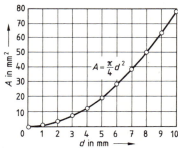

1.31

0,6 cm; 2,4 cm; 8,3 cm und 4,25 cm die dazugehörigen Umfänge und für die Umfänge 20 cm; 14 cm; 5,8 cm; 12 cm und 26 cm die dazugehörigen Durchmesser abzulesen und ihre Richtigkeit und die Ablesegenauigkeit durch Rechnung zu prüfen.

4. Stellen Sie die Abhängigkeit der Strombelastbarkeit vom Nennquerschnitt für Cu-Leitungen (Tab. 4 des Anhangs, Gruppe B2) grafisch dar.
5. In Bild **1.32** ist der Leistungsverlauf für einen 10-Ω-Widerstand in Abhängigkeit von der Spannung dargestellt. Stellen Sie für die Funktionsgleichung $P = U^2/R$ zwei Wertetabellen für 5 Ω und 20 Ω auf. Übertragen Sie den Leistungsverlauf in das Bild. Was fällt Ihnen auf?
6. Übertragen Sie den Leistungsverlauf aus Aufgabe 5 nach Bild **1.33** (logarithmische Teilung). Zeichnen Sie hier noch zwei weitere Kennlinien für die Widerstände 50 Ω und 100 Ω. Beschriften Sie die waagerechte Achse vollständig. Was fällt Ihnen auf?

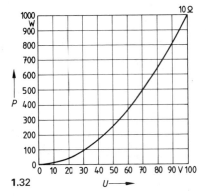

1.32

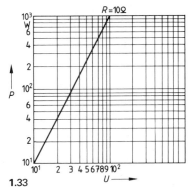

1.33

1.7 Winkelfunktionen

Nach dem Ähnlichkeitssatz der Geometrie ist das Verhältnis zwischen den Längen je zweier gleichliegender Seiten in Dreiecken mit gleichen Winken, unabhängig von ihrer Größe, stets gleich. Für die in Bild **1.34** dargestellten rechtwinkligen Dreiecke mit den Winkeln α und β (griechisch alpha und beta) gelten z. B. die Verhältnisgleichungen

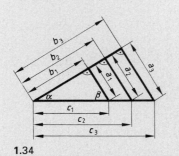

1.34

$$\frac{a_1}{c_1} = \frac{a_2}{c_2} \qquad \frac{a_2}{c_2} = \frac{a_3}{c_3} \qquad \frac{a_1}{c_1} = \frac{a_3}{c_3}$$

$$\frac{b_1}{c_1} = \frac{b_2}{c_2} \qquad \frac{b_2}{c_2} = \frac{b_3}{c_3} \qquad \frac{b_1}{c_1} = \frac{b_3}{c_3}$$

Ändern sich die Winkel α und β, ändern sich auch die Verhältnisse der Seitenlängen. Diese Verhältnisse sind demnach nur von den Winkeln abhängig. Sie sind Funktionen der Dreieckswinkel; man nennt sie daher **Winkelfunktionen** oder **trigonometrische Funktionen**.

Winkelfunktionen Sinus, Kosinus und Tangens
Das Verhältnis der Längen der den Winkeln α und β gegenüberliegenden Katheten a bzw. b zur Länge der Hypotenuse c wird als **Sinus** (sin) des betreffenden Winkels bezeichnet (**1.35**). Es sind also sin $\alpha = a/c$ und sin $\beta = b/c$ (gesprochen: Sinus alpha bzw. beta).

Das Verhältnis der Längen der den Winkeln anliegenden Katheten zur Länge der Hypotenuse heißt der Kosinus (cos) des betreffenden Winkels (**1.35**). Es sind demnach $\cos \alpha = b/c$ und $\cos \beta = a/c$ (gesprochen: Kosinus alpha bzw. beta).

1.35

Das Verhältnis der Längen der den Winkeln gegenüberliegenden Katheten zu den Längen der anliegenden Katheten heißt **Tangens** (tan) des betreffenden Winkels (**1.35**). Es sind demnach $\tan \alpha = a/b$ und $\tan \beta = b/a$ (gesprochen: Tangens alpha bzw. beta). Im rechtwinkligen Dreieck gilt somit:

$$\text{Sinus eines Winkels} = \frac{\text{gegenüberliegende Kathete}}{\text{Hypotenuse}}$$

$$\text{Kosinus eines Winkels} = \frac{\text{anliegende Kathete}}{\text{Hypotenuse}}$$

$$\text{Tangens eines Winkels} = \frac{\text{gegenüberliegende Kathete}}{\text{anliegende Kathete}}$$

Bei anderen Dreiecken sind für Berechnungen der Sinus- bzw. Kosinussatz anzuwenden.

Die Sinus-, Kosinus- und Tangenswerte von 0° bis 360° können entsprechenden Taschenrechnern entnommen werden. Eine Wertetabelle und die dazugehörigen Kennlinien zeigen die Bilder **1.36** und **1.37**.

Winkel	0°	10°	20°	30°	40°	50°	60°	70°	80°	90°
Sinus	0	0,174	0,342	0,500	0,643	0,766	0,866	0,940	0,985	1,000
Kosinus	0	0,985	0,940	0,866	0,766	0,643	0,500	0,342	0,174	0
Tangens	0	0,176	0,364	0,577	0,839	1,192	1,732	2,747	5,671	∞

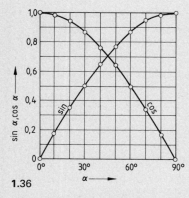

1.36

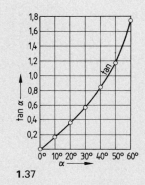

1.37

Mit Hilfe der Winkelfunktionen ist es möglich, im rechtwinkligen Dreieck aus einer Seite und einem Winkel die übrigen Seiten und den zweiten Winkel sowie aus zwei Seiten die Winkel und die dritte Seite auszurechnen.

Beispiel 1.20 Die Hypotenuse eines rechtwinkligen Dreiecks (**1.35**) mit dem Winkel $\alpha = 30°$ ist 24 cm lang. Wie lang sind die Katheten a und b? Wie groß ist der Winkel β?

Lösung Nach der Sinus-Kosinus-Tafel sind sin 30° = 0,5 und cos 30° = 0,866.

$\sin \alpha = a/c$ $a = c \cdot \sin \alpha = 24$ cm $\cdot$ 0,5 = **12 cm**

$\cos \alpha = b/c$ $b = c \cdot \cos \alpha = 24$ cm $\cdot$ 0,866 = **20,8 cm**

$\sin \beta = \dfrac{b}{c} = \dfrac{20{,}8 \text{ cm}}{24 \text{ cm}} = 0{,}867 \triangleq \beta = \mathbf{60°}$

Beispiel 1.21 In einem rechtwinkligen Dreieck (**1.35**) ist die Kathete b = 400 mm, die Hypotenuse c = 450 mm lang. Wie groß sind die Winkel α und β sowie die Kathete a?

Lösung $\cos \alpha = \dfrac{b}{c} = \dfrac{400 \text{ mm}}{450 \text{ mm}} = 0{,}889 \triangleq \alpha = \mathbf{27{,}5°}$

$\sin \beta = \dfrac{b}{c} = \dfrac{400 \text{ mm}}{450 \text{ mm}} = 0{,}889 \triangleq \beta = \mathbf{62{,}5°}$

$\sin \alpha = \dfrac{a}{c}$ $\alpha = 27{,}5°$ sin α = 0,462

$a = c \cdot \sin \alpha = 450$ mm $\cdot$ 0,462 = **208 mm**

Beispiel 1.22 In einem rechtwinkligen Dreieck sind die Kathete a = 30 cm und die Kathete b = 40 cm lang. Wie groß sind die Winkel α und β sowie die Hypotenuse c?

Lösung $\tan \alpha = \dfrac{a}{b} = \dfrac{30 \text{ cm}}{40 \text{ cm}} = 0{,}75 \triangleq \alpha = \mathbf{36{,}9°}$

$\tan \beta = \dfrac{b}{a} = \dfrac{40 \text{ cm}}{30 \text{ cm}} = 1{,}33 \triangleq \beta = \mathbf{53{,}1°}$

$c = \dfrac{b}{\cos \alpha} = \dfrac{40 \text{ cm}}{0{,}8} = \mathbf{50\ cm}$

Mit dem Taschenrechner wird die Beispielaufgabe 1.20 so gelöst:

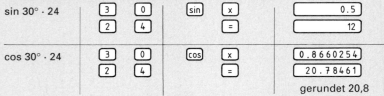

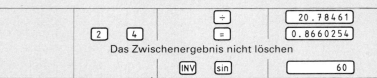

Die Rechnertaste [INV] = Inverttaste gestattet das „Zurückrechnen" eines Sinus-, Kosinus- oder Tangenswertes in den zugehörigen Winkel.
Negative Zahlenwerte werden mit der +/− -Taste in den Rechner eingegeben.

Beispiel: −0,5   [0] [.] [5]   [+/−]   [− 0.5]

Aufgaben

1. Übungen mit dem Taschenrechner zum Ermitteln der Sinus-, Kosinus- und Tangenswerte für folgende Winkel:

   15° 45° 75° 120° 150° 180°
   210° 240° 270° 300° 330° 360°

   Zeichnen Sie die Sinus- und Kosinuskurve von 0° bis 360°. Falls erforderlich, verwenden Sie auch noch Zwischenwerte.

2. Übungen mit dem Taschenrechner zum Ermitteln der Winkel folgender Sinus-, Kosinus- und Tangenswerte.

   a) sin   0,342   0   0,643   0,866
            −0,67   −0,53   −0,785
   b) cos   0,342   0   0,643   0,866
            −0,67   −0,53   −0,785
   c) tan   0,342   0,5   1   2,144   8
            −0,67   −1,8   −12   −36

3. Die folgenden Seiten bzw. Winkel des in Bild **1.**34 dargestellten rechtwinkligen Dreiecks sind gegeben und die fehlenden Seiten bzw. Winkel zu berechnen.

   a) $a = 12$ cm; $c = 24$ cm
   b) $b = 4,7$ m; $c = 12$ m
   c) $a = 30$ mm; $\alpha = 54°$
   d) $a = 20$ m; $\beta = 40°$
   e) $a = 6,4$ dm; $\beta = 30,5°$
   f) $b = 13,5$ m; $\alpha = 62°$
   g) $c = 27$ cm; $\alpha = 35°$
   h) $c = 56$ dm; $\beta = 73,5°$

4. Die Kathete a des Zeichendreiecks **1.**38 mit dem Winkel $\alpha = 60°$ ist a) 34 cm, b) 25 cm, c) 12 cm lang. Wie lang sind die andere Kathete und die Hypotenuse, wie groß ist der Winkel β?

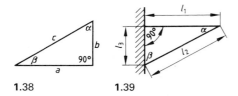

1.38   1.39

5. Für einen Motor ist eine Wandkonsole nach Bild **1.**39 herzustellen. Wie groß sind die Winkel α und β sowie der Abstand l_3 der Befestigungspunkte, bei den übrigen Maßen

   a) $l_1 = 420$ mm und $l_2 = 500$ mm,
   b) $l_1 = 360$ mm und $l_2 = 410$ mm,
   c) $l_1 = 468$ mm und $l_2 = 525$ mm?

6. Das Aufhängeseil einer Straßenleuchte **1.**40 soll an zwei gegenüberliegenden Hauswänden befestigt werden, deren Abstand a) 14 m, b) 8 m, c) 24 m beträgt. Der Durchhang h des Aufhängeseils ist mit a) 1 m, b) 60 cm, c) 1,5 m festgelegt. Wie groß sind die erforderliche Seillänge und der Winkel α?

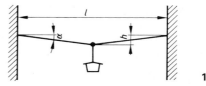

1.40

7. Wie lang muß die Stütze für den Mast in Bild **1.**41 sein? Die Stütze ist in der Höhe $h =$ a) 6,6 m, b) 5,4 m, c) 7,6 m befestigt und reicht 1,5 m tief in den Boden. Wie lang muß die in halber Höhe über dem Boden angebrachte Querstrebe sein ($\alpha = 30°$)?

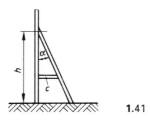

1.41

8. Für Montagearbeiten wird eine a) 8 m, b) 6 m, c) 5 m lange Leiter an die Hauswand gelehnt. Wie weit muß sie von der Hauswand entfernt aufgestellt werden, damit der Neigungswinkel 75° erreicht wird?

9. Ein Beobachter sieht die Spitze eines 45 m hohen Hochspannungsmasts unter dem Neigungswinkel a) 30°, b) 20°, c) 50°. Wie weit ist der Mast vom Beobachter entfernt, wenn die Augenhöhe 1,5 m beträgt?

10. In einer Werkstatthalle werden die Lampen nach Bild **1.42** an einem 14 m langen Seil aufgehängt. Die beiden Befestigungspunkte des Seils sind a) 10 m, b) 12 m, c) 11 m voneinander entfernt. Wie groß ist der Winkel α? In welcher Entfernung von der Decke hängen die Lampen?

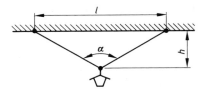

1.42

1.8 Potenzen und Wurzeln

1.8.1 Potenzen

Ein Produkt aus mehreren gleichen Faktoren wird verkürzt als Potenz geschrieben.

Beispiele 1.23 $2 \cdot 2 \cdot 2 = 8 = \mathbf{2^3}$ (gelesen: zwei hoch drei)
$10 \cdot 10 \cdot 10 \cdot 10 = 10\,000 = \mathbf{10^4}$
$0,3 \cdot 0,3 = 0,09 = \mathbf{0,3^2}$

Der Exponent (Hochzahl) gibt an, wie oft die Basis (Grundzahl) als Faktor gesetzt wird.

$\boxed{2^4 = 16}$

2 Basis oder Grundzahl
4 Exponent oder Hochzahl
16 Potenzwert

Zehnerpotenzen
Große Zahlen schreibt man häufig in Verbindung mit Potenzen zur Basis 10 (Zehnerpotenzen).

Beispiele 1.24 $300 = 3 \cdot 100 = \mathbf{3 \cdot 10^2}$
$78\,000 = 78 \cdot 1000 = \mathbf{78 \cdot 10^3}$
$10\,700\,000 = 10,7 \cdot 1\,000\,000 = \mathbf{10,7 \cdot 10^6}$

Auch kleine Zahlen können als Faktoren mit Zehnerpotenzen geschrieben werden. Dabei erhält der Exponent ein **negatives** Vorzeichen.

Beispiele 1.25 $0,01 = \dfrac{1}{100} = \dfrac{1}{10^2} = \mathbf{10^{-2}}$

$0,005 = \dfrac{5}{1000} = \dfrac{5}{10^3} = \mathbf{5 \cdot 10^{-3}}$

Eine Potenz mit dem Exponenten Null hat den Wert Eins.

Beispiele 1.26 $5^0 = 1 \quad 0,3^0 = 1 \quad 34^0 = 1 \quad x^0 = 1$

Beispiele 1.27
12 mA = $12 \cdot 10^{-3}$ A   3,3 MΩ = $3,3 \cdot 10^6$ Ω
220 kV = $220 \cdot 10^3$ V   6,8 kW = $6,8 \cdot 10^3$ W
25 µF = $25 \cdot 10^{-6}$ F   36 mm = $36 \cdot 10^{-3}$ m

Tabelle **1.43** Vorsätze für Vielfache und Teile von Einheiten

Vorsatz	gesprochen	Umrechnungsfaktor	Vorsatz	gesprochen	Umrechnungsfaktor
E	Exa	10^{18}	d	Dezi	10^{-1}
P	Peta	10^{15}	c	Centi	10^{-2}
T	Tera	10^{12}	m	Milli	10^{-3}
G	Giga	10^{9}	μ [1]	Mikro	10^{-6}
M	Mega	10^{6}	n	Nano	10^{-9}
k	Kilo	10^{3}	p	Piko	10^{-12}
h	Hekto	10^{2}	f	Femto	10^{-15}
D	Deka	10^{1}	a	Atto	10^{-18}

[1] griechisch my

Aufgaben

1. Schreiben Sie als Potenzen.

   a) $3 \cdot 3 \cdot 3 \cdot 3 \quad \frac{1}{y} \cdot \frac{1}{y} \quad 32 \quad 0{,}16$

   $\frac{2}{5} \cdot \frac{2}{5} \cdot \frac{2}{5}$

   b) $x \cdot x \cdot x \quad \frac{1}{b} \cdot \frac{1}{b} \cdot \frac{1}{b} \quad 125 \quad 64 \quad 0{,}49$

   c) $3ab \cdot 3ab \quad \frac{3}{4} \cdot \frac{3}{4} \quad 36 \quad 0{,}36$

   $4\frac{x}{y} \cdot 16\frac{x}{y}$

   d) $xy \cdot xy \quad \frac{1}{125} \quad 81 \quad 0{,}64$

   $\frac{2a}{c} \cdot \frac{2a}{c} \cdot \frac{2a}{c}$

2. Schreiben Sie als Zehnerpotenzen.

   a) $1000 \quad 10\,000 \quad \frac{1}{1000} \quad 1\,000\,000 \quad \frac{1}{100\,000}$

   b) $10 \quad \frac{1}{100} \quad 10\,000 \quad \frac{1}{10\,000} \quad \frac{1}{10\,000\,000}$

   c) $100 \quad \frac{1}{10} \quad \frac{1}{1\,000\,000}$

   $1\,000\,000\,000 \quad \frac{1}{100\,000}$

3. Berechnen Sie die folgenden Potenzen auf drei tragende Ziffern.

   a) $6^2 \quad 14{,}5^2 \quad 5^3 \quad 8^0 \quad 0{,}7^2$
   b) $220^2 \quad 0{,}1^2 \quad 12{,}5^3 \quad 0{,}4^3 \quad 3{,}42^0$
   c) $0{,}5^2 \quad 6{,}3^3 \quad 25^0 \quad 0{,}3^4 \quad 1{,}2^2$
   d) $5^{-2} \quad \left(\frac{1}{2}\right)^{-2} \quad 0{,}5^{-2} \quad \left(\frac{3}{4}\right)^{-2} \quad 0{,}125^{-2}$

4. Schreiben Sie die folgenden Zahlen als Faktoren mit Zehnerpotenzen.

   a) 500   0,2   68 000   1500   0,0125
   b) 4   0,025   1200   270 000   0,38
   c) 3600   0,85   468 000   0,000025   0,42
   d) 15 000   380 000   0,004   0,000000025   0,09

5. Schreiben Sie die folgenden Größen als Produkt aus Zahlenfaktor, Zehnerpotenz und Einheit.

   a) 26 mA   3,6 kW   2,2 MΩ   25 µF   15 kHz
   b) 220 kV   33 MΩ   8,2 µA   0,4 mH   4 nF
   c) 50 MW   45 mV   468 kHz   12 pF   1,25 µV
   d) 400 kV   10,7 MHz   2,7 nF   53 µA   16 mH

6. Rechnen Sie folgende Aufgaben. Schreiben Sie die gegebenen Größen als Produkt aus Zahlenfaktor, Zehnerpotenz und Einheit.

   a) 380 V + 1,4 kV + 0,5 MV
   b) 280 kΩ + 2,7 MΩ + 3400 Ω
   c) 27 mA · 5 mV
   d) 1,3 kA · 270 mV
   e) $\frac{24 \text{ mVA}}{4 \text{ mA}}$
   f) $\frac{360 \text{ mVA}}{60 \text{ mV}}$

7. Rechnen Sie die folgenden Angaben der elektrischen Arbeit um in die Einheit Ws (Wattsekunde) und schreiben Sie das Ergebnis als Produkt aus Zahlenfaktor, Zehnerpotenz und Einheit.

   1 kWh   300 kWh $420 \cdot 10^3$ kWh
   $62 \cdot 10^6$ kWh

1.8.2 Wurzeln

Das Wurzelziehen (Radizieren) ist die Umkehrung des Potenzierens.

Beispiele 1.28 $\sqrt[2]{9} = 3$ (gelesen: zweite Wurzel oder Quadratwurzel aus neun, kurz: Wurzel aus neun)

Bei Quadratwurzeln ist es üblich, den Wurzelexponenten wegzulassen, also $\sqrt{9} = 3$.

$\sqrt[3]{8} = 2$ (gelesen: dritte Wurzel aus acht)

Der Wurzelexponent gibt an, mit welchem Exponenten die Wurzel potenziert werden muß, um die Zahl unter dem Wurzelzeichen, den Wurzelradikanden, zu erhalten.

$\boxed{\sqrt[4]{16} = 2}$ 16 Wurzelradikand
4 Wurzelexponent
2 Wurzel

Das Radizieren (Wurzelziehen) ist die Umkehrrechenart des Potenzierens. Hier einige Beispiele für den Rechnereinsatz:

Beispiele 1.29 $4,5^2$ [4] [.] [5]   [x²]   [20.25]

Anzeige [20.25]   [√x]   [4.5]

$\sqrt{20,25}$

$6,2^3$ [6] [.] [2]   [yˣ]   [6.2]
[3]   [=]   [238.328]

$\sqrt[3]{238,328}$ Anzeige [238.328]   [INV] [yˣ]   [238.328]
[3]   [=]   [6.2]

4^4 [4]   [yˣ]   [4]
[4]   [=]   [256]

$\sqrt[4]{256}$ Anzeige [256]   [INV] [yˣ]   [256]
[4]   [=]   [4]

Aufgaben

1. Berechnen Sie die folgenden Wurzeln auf drei tragende Ziffern.

   a) $\sqrt{64}$ $\sqrt{0{,}25}$ $\sqrt{10}$ $\sqrt[3]{1000}$ $\sqrt{0{,}5}$
   b) $\sqrt{25}$ $\sqrt{0{,}1}$ $\sqrt{500}$ $\sqrt[3]{125}$ $\sqrt{0{,}09}$
   c) $\sqrt{156}$ $\sqrt{0{,}64}$ $\sqrt{1000}$ $\sqrt[3]{0{,}125}$ $\sqrt{6{,}4}$
   d) $\sqrt{0{,}36}$ $\sqrt{56}$ $\sqrt{16}$ $\sqrt{0{,}064}$ $\sqrt{169}$

2. Für die Zahlen $n = 0$ bis 100 sind die Quadratwurzeln durch eine Wertetabelle und eine Kennlinie darzustellen. Aus der Kennlinie sind die Quadratwurzeln

   $\sqrt{24}$ $\sqrt{86}$ $\sqrt{13{,}5}$ $\sqrt{4{,}92}$ $\sqrt{73{,}8}$ $\sqrt{95}$
   $\sqrt{68}$ $\sqrt{25{,}4}$ $\sqrt{10}$ $\sqrt{50}$ $\sqrt{5}$

   abzulesen und ihre Richtigkeit und die Ablesegenauigkeit durch Rechnung zu prüfen.

1.8.3 Rechnen mit Potenzen und Wurzeln

Addition und Subtraktion von Potenzen und Wurzeln sind nur bei gleichen Basen und gleichen Exponenten möglich.

Beispiele 1.30 $3^2 + 3^2 = 2 \cdot 3^2 = 2 \cdot 9 = 18$ $\quad 3 \cdot \sqrt{16} + 4 \cdot \sqrt{16} = 7 \cdot \sqrt{16} = 7 \cdot 4 = 28$
$3 \cdot 2^2 - 2 \cdot 2^2 = 1 \cdot 2^2 = 1 \cdot 4 = 4$ $\quad 6 \cdot \sqrt{25} - 4 \cdot \sqrt{25} = 2 \cdot \sqrt{25} = 2 \cdot 5 = 10$

Potenzen mit gleichen Basen werden multipliziert bzw. dividiert, indem man die Exponenten addiert bzw. subtrahiert.

$$a^n \cdot a^m = a^{n+m} \qquad \frac{a^n}{a^m} = a^{n-m}$$

Beispiele 1.31 $2^3 \cdot 2^2 = 2^{3+2} = 2^5 = 32$ $\qquad \frac{2^3}{2^2} = 2^{3-2} = 2^1 = 2$

Potenzen mit gleichen Exponenten werden multipliziert bzw. dividiert, indem man das Produkt bzw. den Quotienten der Basen mit dem Exponenten potenziert.

$$a^n \cdot b^n = (a \cdot b)^n \qquad \frac{a^n}{b^n} = \left(\frac{a}{b}\right)^n$$

Wurzeln mit gleichen Exponenten werden multipliziert bzw. dividiert, indem man das Produkt bzw. den Quotienten der Wurzelradikanden mit dem Wurzelexponenten radiziert.

$$\sqrt{a} \cdot \sqrt{b} = \sqrt{a \cdot b} \qquad \frac{\sqrt{a}}{\sqrt{b}} = \sqrt{\frac{a}{b}}$$

Beispiele 1.32 $4^3 \cdot 2^3 = (4 \cdot 2)^3 = 8^3 = 512$ $\qquad \frac{\sqrt{64}}{\sqrt{16}} = \sqrt{\frac{64}{16}} = \sqrt{4} = 2$

Potenzen werden potenziert bzw. radiziert, indem man die Exponenten multipliziert bzw. dividiert.

$$(a^n)^m = a^{n \cdot m} \qquad \sqrt[m]{a^n} = a^{\frac{n}{m}}$$

Beispiele 1.33 $(2^3)^2 = 2^{3 \cdot 2} = 64$ $\qquad \sqrt[3]{10^{12}} = 10^{\frac{12}{3}} = 10^4$

Beispiele 1.34 für den Rechnereinsatz

$3^2 \cdot 6 + 2^3 \cdot 5$

Eingabe	Taste		Anzeige
3	x^2	x	9
6	+		54
2	y^x		2
3	x		8
5	=		94

$\frac{48}{2^2} - \sqrt{9}$

4 8	÷		48
2	x^2	−	12
9	$\sqrt{x}$	=	9

Aufgaben

1. Berechnen Sie die folgenden Ausdrücke.

   a) $2^3 + 4 \cdot 2^3$ $4 \cdot 3^2 + 3 \cdot 3^2$ $3\left(\dfrac{1}{5}\right)^3 - 2\left(\dfrac{1}{5}\right)^3 + \left(\dfrac{1}{5}\right)^3$ $2 \cdot 3^2 + 3^2 - 3 \cdot 3^2$

   b) $8\sqrt{9} - 2\sqrt{9}$ $5\sqrt[3]{8} - \sqrt[3]{8}$ $3\sqrt{\dfrac{1}{2}} + 2\sqrt{\dfrac{1}{2}}$ $7\sqrt{\dfrac{3}{4}} + \sqrt{\dfrac{3}{4}}$

2. Die folgenden Ausdrücke sind auf drei tragende Ziffern genau zu berechnen.

   a) $(1{,}4 \cdot 4)^2$ $\dfrac{2{,}7^2}{83{,}5}$ $\left(\dfrac{14}{6}\right)^2$ $\dfrac{110^2 \cdot 2{,}8}{40^2}$ $\left(\dfrac{3}{4}\right)^3 : \left(\dfrac{4}{3}\right)^3$

   b) $0{,}54^2 \cdot 16$ $\left(\dfrac{2}{5}\right)^2$ $\dfrac{27{,}5^2}{12^2}$ $\dfrac{(1{,}2 \cdot 7)^2}{14}$ $2 : \left(\dfrac{1}{2}\right)^3$

3. Die folgenden Ausdrücke sollen auf drei tragende Ziffern genau berechnet werden.

   a) $\sqrt{800 \cdot 0{,}5}$ $\sqrt{\dfrac{36}{16}}$ $\sqrt{\dfrac{1}{2}}$ $\sqrt{\dfrac{40^2}{250}}$ $\sqrt{\dfrac{12^2 \cdot 4}{3{,}5^2}}$

   b) $\sqrt{100 \cdot 49}$ $\sqrt{\dfrac{144}{64}}$ $\sqrt{6\dfrac{1}{7}}$ $\sqrt{\dfrac{3600}{27{,}5}}$ $\sqrt{\dfrac{3 \cdot 18^2}{4^2 \cdot 12}}$

4. Vereinfachen bzw. berechnen Sie die folgenden Ausdrücke.

   a) $\sqrt{27^2}$ $\sqrt{4 \cdot 10^{-3} \cdot 2{,}5 \cdot 10^6}$ $\sqrt{27\, a^3 b^6}$ $\sqrt{x^3 y^{-6}}$

   b) $\sqrt{0{,}4^{-2}}$ $\sqrt{\dfrac{1}{8 \cdot 10^{-9} \cdot 20 \cdot 10^6}}$ $\sqrt{\dfrac{1}{8x^6 y^3}}$ $\sqrt{\dfrac{x^{-4}}{y^{-2}}}$

5. Vereinfachen bzw. berechnen Sie die folgenden Ausdrücke.

   a) $4 \cdot 10^{-3}\,\text{A} + 2{,}5 \cdot 10^{-3}\,\text{A}$ $2{,}2 \cdot 10^6\,\Omega - 1{,}8 \cdot 10^6\,\Omega$ $1{,}6 \cdot 10^3\,\text{W} + 860\,\text{W}$

   b) $\dfrac{84 \cdot 10^{-2}\,\text{m}}{0{,}7 \cdot 10^{-3}\,\text{m}}$ $\dfrac{0{,}48 \cdot 10^{-3}\,\text{m}}{0{,}04 \cdot 10^{-4}\,\text{m}}$ $\dfrac{(12 \cdot 10^{-2}\,\text{m})^2}{18 \cdot 10^{-3}\,\text{m}}$

1.8.4 Logarithmen

Wenn von einer Potenz die **Basis** (Grundzahl) und der **Potenzwert** bekannt sind, nicht jedoch der **Exponent**, erhält man die Gleichung

$y = a^x$.
                                      y Potenzwert
                                      a Basis (Grundzahl)
                                      x Exponent

Man nennt diese Art von Gleichungen **Exponentialgleichungen**. Eine Lösung mit den bisher bekannten Rechenregeln ist nicht möglich. Man braucht eine neue Rechenart, das **Logarithmieren**. Wir schreiben dann für $y = a^x$.

$\boxed{x = a\,\lg y}$ gesprochen: x ist der Logarithmus von y zur Basis a.

Von den Logarithmen der vielen verschiedenen Basen haben sich zwei Möglichkeiten für die Mathematik und die Technik als zweckmäßig erwiesen:
- **die Zehner- oder dekadische Logarithmen** (auch Briggsche Logarithmen genannt)

$$y = 10^x \qquad x = \lg y$$

lg ≙ Logarithmus, bei Rechnern die Taste log

- **die natürliche Logarithmen** (auch Napiersche Logarithmen)

$$y = e^x \qquad x = \ln y$$

ln ≙ natürlicher Logarithmus, bei Rechnern die Taste ln
$e = 2,7183$

Das Rechnen mit Zehnerlogarithmen bietet Rechenvorteile, soll aber hier nicht weiter behandelt werden. Das Rechnen mit natürlichen Logarithmen ist in der höheren Mathematik von Bedeutung, wird aber hier auch nicht behandelt.
Wir wollen hier nur einige Übungen mit dem Taschenrechner anstellen, um ganz besonders die in Abschn. 1.6 erwähnte „logarithmische Teilung" zu begründen.
Geben Sie in den Rechner ein:

Eingabe		Taste	Anzeige	Bemerkung
0		log	Error	kein gültiger Wert
0	. 2	log	-0.69897	
0	. 4	log	-0.39794	Die Zahlen zwischen 0 und 1 ergeben negative Logarithmenwerte. Sie sind für unsere Betrachtungen ohne Bedeutung.
0	. 6	log	-0.22185	
0	. 8	log	-0.09691	
1		log	0	

Wir beginnen deshalb bei lg 1 = 0 und wollen eine Wertetabelle aufstellen für alle ganzen Zahlen zwischen 1 und 10. Es ergibt sich dann:

lg 1	lg 2	lg 3	lg 4	lg 5	lg 6	lg 7	lg 8	lg 9	lg 10
0	0,301	0,477	0,602	0,699	0,778	0,845	0,903	0,954	1

Setzen wir diese Wertetabelle in eine grafische Darstellung mit geeignetem Maßstab um, erhalten wir eine Kurve für die dekadischen Logarithmen (**1.44**).

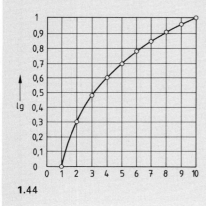
1.44

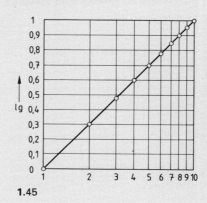
1.45

Teilt man nun die waagerechte Achse nicht linear ein, sondern den Logarithmuswerten entsprechend – also den

Abstand von lg 1 nach lg 2 , z. B. 3,01 cm;
Abstand von lg 1 nach lg 3, z. B. 4,77 cm;
Abstand von lg 1 nach lg 4, z. B. 6,02 cm usw.,

erhält man beim Eintragen der Kurvenpunkte und deren Verbindung eine Gerade (**1.**45 auf S. 35).

Da die Werte zwischen lg 0 und lg 1 meist ohne Bedeutung sind, beginnen logarithmisch geteilte Achsen normalerweise mit dem Wert 1 oder mit Teilen oder Vielfachen von 1, also etwa 0,01 0,1 10 100 usw.

Liegt zwischen zwei Größen eine quadratische Abhängigkeit vor, wie z. B. $P = U^2/R$ (s. Abschn. 1.6), müssen beide Achsen logarithmisch (doppelt logarithmisch) geteilt werden, um eine Gerade als Kennlinie zu erhalten.

Aufgaben

1. Berechnen und zeichnen Sie für das Beispiel $P = U^2/R$ in Abschn. 1.6 die Kennlinie für
    a) senkrechte Achse linear geteilt und waagerechte Achse logarithmisch geteilt (0 W, 10 W ... 100 W und 1 V ... 10 V),
    b) senkrechte Achse logarithmisch geteilt und waagerechte Achse linear geteilt (10 W, 20 W ... 100 W und 0 V, 1 V ... 10 V),
    c) beide Achsen logarithmisch geteilt (10 W bis 100 W, 1 V bis 10 V) für $R = 1\ \Omega$ (konstant) und Spannungen von 1 V bis 10 V.

2. Stellen Sie eine Wertetabelle auf für
   lg 10   lg 20   lg 30   lg 40   ... lg 100
   lg 100 lg 200 lg 300 lg 400 ... lg 1000
   lg 1000 lg 2000 lg 3000 lg 4000 ... lg 10000
   Was fällt Ihnen auf?

3. Übertragen Sie die Abhängigkeit
   $$A = \frac{\pi \cdot d^2}{4}$$
   (vgl. Abschn. 1.6, Aufg. 1) in ein logarithmisch geteiltes Diagramm für folgende Durchmesserangaben so, daß sich als Kennlinie eine Gerade ergibt.
    a) 0,1 mm 0,2 mm 0,3 mm 0,4 mm ... 1,0 mm
    b) 1,0 mm 2,0 mm 3,0 mm 4,0 mm ... 10 mm
    c) 10 mm   20 mm   30 mm   40 mm   ... 100 mm

4. Ermitteln Sie mit dem Taschenrechner die Werte für ln 1 ln 2 ln 3 ln 4 ... ln 10 und zeichnen Sie die Kennlinie.

2 Elektrischer Stromkreis

Ohmsches Gesetz

Die Stromstärke I steigt mit zunehmender Spannung U und nimmt mit zunehmendem Widerstand R ab (**2.1**). Die Stromstärke ändert sich dabei im gleichen Verhältnis wie die Spannung und im umgekehrten Verhältnis wie der Widerstand.

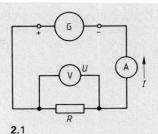

2.1

I in A (Ampere)
U in V (Volt)
R in Ω (Ohm)

Beispiel 2.1 Wie groß ist die Stromstärke I in einem Widerstand $R = 50\ \Omega$, wenn an seinen Klemmen die Spannung $U = 220$ V liegt?

Lösung Stromstärke $I = \dfrac{U}{R} = \dfrac{220\ \text{V}}{50\ \Omega} = \mathbf{4{,}4\ A}$

Beispiel 2.2 Welche Spannung U ist erforderlich, wenn durch einen Widerstand $R = 500\ \Omega$ ein Strom $I = 0{,}4$ A fließen soll?

Lösung Spannung $U = I \cdot R = 0{,}4\ \text{A} \cdot 500\ \Omega = \mathbf{200\ V}$

Beispiel 2.3 Welchen Widerstand R muß ein Verbraucher haben, damit bei der angelegten Spannung $U = 220$ V der Strom $I = 8$ A fließt?

Lösung Widerstand $R = \dfrac{U}{I} = \dfrac{220\ \text{V}}{8\ \text{A}} = \mathbf{27{,}5\ \Omega}$

Aufgaben

1. Die an einem Schiebewiderstand liegende Spannung wird
   a) verdreifacht, b) vervierfacht, c) halbiert.
   Gleichzeitig wird sein Widerstandswert durch Verstellen des Abgriffs verdoppelt. Auf welchen Wert ändert sich die Stromstärke?

2. Auf welchen Wert muß der Widerstand eines Schaltelements geändert werden, um bei
   a) vierfacher, b) doppelter, c) dreifacher Spannung
   eine Halbierung der Stromstärke zu erreichen?

3. Durch Verstellen des Schleifkontakts wird der Widerstandswert des Stellwiderstands **2.2**
   a) verdreifacht, b) halbiert, c) verdoppelt.
   Auf welchen Wert muß die anliegende Spannung geändert werden, damit die Stromstärke viermal so groß wird?

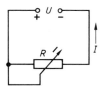

2.2

4. Ein kleiner Heizofen mit dem Widerstand a) 55 Ω, b) 40 Ω, c) 385 Ω wird an das 220-V-Netz angeschlossen. Wie groß ist die vom Strommesser angezeigte Stromstärke? (**2.3**)

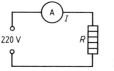

2.3

5. Ein Widerstand hat auf dem Typenschild die Angaben a) 330 Ω/1,2 A, b) 2 kΩ/8 mA, c) 2400 Ω/0,3 A.
   Wie groß darf die angelegte Spannung im Höchstfall sein?

6. Wie groß ist der Widerstand einer kleinen Glühlampe mit der Angabe a) 3,5 V/0,2 A, b) 2,5 V/0,3 A, c) 3,8 V/0,07 A bei Nennbelastung?

7. Ein Widerstand nimmt die Stromstärke 0,64 mA auf. Wie groß wird die Stromstärke nach Spannungserhöhung von a) 20 %, b) 65 %, c) 38 % sein?

8. Die Stromstärke eines an 220 V angeschlossenen Heizwiderstands soll um a) 25 %, b) 34 %, c) 72 % verringert werden. Um welchen Betrag ist die Klemmenspannung zu verringern?

9. Der Widerstand a) 1,5 MΩ, b) 470 kΩ, c) 24 Ω wird an 220 V angeschlossen. Wie groß ist die aufgenommene Stromstärke?

10. Eine Relaisspule mit a) 37 Ω, b) 145 Ω, c) 1,5 kΩ nimmt den Erregerstrom 40 mA auf. Wie groß ist die anliegende Spannung?

11. Um den Widerstand einer Spule zu bestimmen, wird sie an 24 V angeschlossen (2.4). Die Stromaufnahme beträgt a) 84 µA, b) 24 mA und c) 40 mA. Der Eigenverbrauch der Meßgeräte wird nicht berücksichtigt. Welchen Widerstandswert hat die Spule?

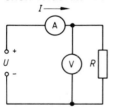

2.4

12. In der Schaltung nach Bild **2.5** betragen die Stromstärken bei den Schalterstellungen

„Oben"   „Unten"
a) $I_1 = 4$ A, $I_2 = 6$ A,
b) $I_1 = 2$ A, $I_2 = 5$ A,
c) $I_1 = 150$ mA, $I_2 = 625$ mA.

Wie groß sind die Spannung U und der Widerstand R_2?

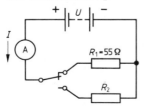

2.5

13. In der Schaltung nach Bild **2.6** betragen die Stromstärken bei den Schalterstellungen

„Links"   „Rechts"
a) $I_1 = 2,5$ A, $I_2 = 1,8$ A,
b) $I_1 = 4,6$ A, $I_2 = 2,8$ A,
c) $I_1 = 680$ mA, $I_2 = 420$ mA.

Wie groß sind der Belastungswiderstand R und die Spannung U_2?

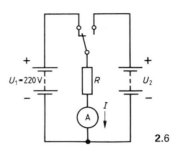

2.6

14. Wie groß ist die Stromstärke in einem Spannungsmesser mit dem Meßbereichsendwert 600 V und einem Innenwiderstand 2 MΩ, wenn der Zeiger die Spannung a) 380 V, b) 245 V, c) 48 V anzeigt?

15. Ein Strommesser mit dem Meßbereichsendwert 10 A hat einen Innenwiderstand 4 mΩ. Wie groß ist die an den Klemmen des Strommessers liegende Spannung, wenn der Zeiger die Stromstärke a) 4,5 A, b) 5,6 A, c) 8,7 A anzeigt?

16. Ein Vielfach-Meßinstrument wird im Bereich 0 bis 30 mV bei Vollausschlag des Zeigers von 2 mA durchflossen. Die Skale hat 60 Teilstriche. Wieviel Milliampere fließen durch das Instrument, wenn der Zeiger auf Teilstrich a) 15, b) 26, c) 42 steht?

17. Ein Bügeleisen für 500 W nimmt an seiner Nennspannung 220 V die Stromstärke 2,27 A auf. Wie groß ist die Stromaufnahme, wenn die Anschlußspannung a) 190 V, b) 110 V, c) 250 V beträgt?

18. Die Spannung an einem Widerstand steigt um a) 50 %, b) 35 %, c) 80 %. Um wieviel Prozent muß der Widerstandswert geändert werden, damit die Stromstärke gleich bleibt?

19. In Bild **2.7** sind die Kennlinien von drei Widerständen dargestellt. Wie groß sind die Widerstandswerte?

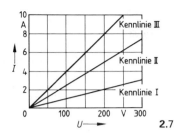

2.7

20. Um wieviel Prozent vom ursprünglichen Wert muß der Widerstand eines an 220 V angeschlossenen Verbrauchers erhöht werden, damit die Stromstärke von
a) 12,5 A auf 7,2 A,
b) 84 mA auf 54 mA,
c) 0,48 A auf 360 mA zurückgeht?

21. In einem Stromkreis steigt die Stromstärke durch Verringerung des Gesamtwiderstands um a) 40 %, b) 25 %, c) 70 % vom ursprünglichen Wert. Um wieviel Prozent wurde der Widerstand des Stromkreises verringert?

22. Wird die an einem Widerstand liegende Spannung um 7 V erhöht, nimmt die Stromstärke um a) 4 %, b) 2,5 %, c) 6 % zu. Wie groß war die Spannung vor der Erhöhung? Wie groß ist die Spannung nach der Erhöhung?

23. In einer Kupferleitung mit dem Widerstand 0,3 Ω darf der Spannungsfall a) 3 %, b) 1,5 %, c) 5 % der Betriebsspannung 220 V nicht überschreiten. Wie groß darf die Stromstärke in der Leitung höchstens sein?

24. Das Leistungsschild eines Schiebewiderstands enthält u. a. die Angabe „80 Ω/2,2 A". Mit wieviel Prozent des Nennstroms ist der Widerstandsdraht belastet, wenn er an a) 110 V, b) 42 V, c) 76 V angeschlossen wird?

25. Für die Herstellung eines Vorschaltwiderstands, der die Spannung von 110 V auf a) 40 V, b) 30 V, c) 60 V herabsetzen soll, steht Eisendraht mit $d = 1,5$ mm zur Verfügung. Die Stromstärke soll 3,5 A betragen. Der Draht ist auf einen zylindrischen Wickelkörper mit dem Durchmesser 5 cm zu wickeln. Wieviel Windungen sind für die Herstellung des Widerstands erforderlich?

3 Berechnen von Widerständen

3.1 Abhängigkeit von Länge, Querschnitt und Material

Der Widerstand R eines Leiters ändert sich im gleichen Verhältnis wie die Leiterlänge l und im umgekehrten Verhältnis wie der Leiterquerschnitt A. Außerdem hängt der Widerstand von der Art des Leiterwerkstoffs ab, ausgedrückt durch den spezifischen Widerstand ϱ (griechisch rho) oder die elektrische Leitfähigkeit γ (griechisch gamma) – Tabelle 1 des Anhangs.

Der spezifische Widerstand ϱ eines Leiterwerkstoffs ist zahlenmäßig gleich seinem Widerstand bei 1 m Länge, 1 mm² Querschnitt und der Temperatur 20 °C.

$$R = \frac{\varrho \cdot l}{A}$$

R in Ω
l in m
ρ in $\frac{\Omega \cdot mm^2}{m}$
A in mm^2

Die elektrische Leitfähigkeit γ eines Leiterwerkstoffs ist zahlenmäßig gleich der Länge eines Leiters mit 1 mm² Querschnitt, der bei 20 °C den Widerstand 1 Ω hat. Die Leitfähigkeit ist damit der Kehrwert des spezifischen Widerstands, also $\gamma = 1/\varrho$.

$$R = \frac{l}{\gamma \cdot A}$$

R in Ω
γ in $\frac{m}{\Omega \cdot mm^2}$
l in m
A in mm^2

Zum Berechnen eines Spulenwiderstands wird die Drahtlänge l in der Gleichung ersetzt durch das Produkt aus der mittleren Windungslänge l_m und der Windungszahl N.

$$R = \frac{\varrho \cdot l_m \cdot N}{A} = \frac{l_m \cdot N}{\gamma \cdot A}$$

Für Rundspulen ist $l_m = d_m \cdot \pi$.

Die für Spulen erforderliche Wickelfläche A_w wird berechnet aus der Wickelhöhe h_w und der Wickeltiefe t_w. Wird angenommen, daß ein Runddraht unter Einbeziehung des Nutenfüllfaktors die Fläche d_a^2 in Anspruch nimmt, kann die Wickelfläche A_w auch aus d_a^2 und der Windungszahl berechnet werden. Bei größeren Windungszahlen ist es dabei gleichgültig, ob die Windungslagen direkt übereinander oder auf „Lücke" gewickelt werden (3.1).

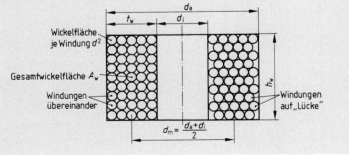

3.1

$$A_w = h_w \cdot t_w = d_a^2 \cdot N$$

A_w in mm² d_a^2 in mm²
h_w in mm N ohne Einheit
t_w in mm

Leitwert. Der Kehrwert eines beliebigen Widerstands R heißt Leitwert G.

$$G = \frac{1}{R}$$

G in S (Siemens) $= \dfrac{1}{\Omega}$ R in Ω

Zum Berechnen von Kehrwerten haben Rechner eine Reziproktaste [1/x].

Beispiele 3.1

$\frac{1}{4}$	[4]	[1/x]	0.25
$\frac{1}{8{,}3}$	[8] [.] [3]	[1/x]	0.1204819

Beispiel 3.2   Wie groß ist der Widerstand R eines Kupferdrahts von der Länge $l = 80$ m und dem Querschnitt $A = 4$ mm²?

Lösung
$$R = \frac{\rho \cdot l}{A} = \frac{0{,}0178 \frac{\Omega \cdot mm^2}{m} \cdot 80\ m}{4\ mm^2} = \mathbf{0{,}356\ \Omega}$$

Beispiel 3.3   Welche Länge l muß ein Kupfernickeldraht (CuNi 44) mit dem Querschnitt $A = 2$ mm² und dem Widerstand $R = 10\ \Omega$ haben?

Lösung   Der Widerstandswerkstoff CuNi 44 hat den spezifischen Widerstand $\rho = 0{,}5\ \Omega \cdot$ mm²/m. Die der Rechnung zugrunde liegende Formel $R = \rho \cdot l/A$ muß für die Ermittlung der Leiterlänge l umgeformt werden. Dazu multipliziert man beide Seiten der Gleichung mit A und teilt dann durch ρ. Nach Vertauschen beider Seiten erhält man $l = R \cdot A/\varrho$. Nun können die Zahlenwerte mit den Einheiten eingesetzt werden, und die Leiterlänge ist

$$l = \frac{R \cdot A}{\varrho} = \frac{10\ \Omega \cdot 2\ mm^2}{0{,}5 \frac{\Omega \cdot mm^2}{m}} = 40\ \frac{1}{\frac{1}{m}} = \mathbf{40\ m.}$$

Beispiel 3.4   Ein Kupferleiter von der Länge $l = 120$ m soll einen Widerstand $R = 0{,}357\ \Omega$ haben. Welchen Querschnitt A muß er erhalten?

Lösung   Man geht von der Grundformel $R = \varrho \cdot l/A$ aus. Wenn man auf beiden Seiten mit A multipliziert erhält man $R \cdot A = \varrho \cdot l$. Nach Teilen durch R ist der Leiterquerschnitt

$$A = \frac{\varrho \cdot l}{R} = \frac{0{,}01786 \frac{\Omega \cdot mm^2}{m} \cdot 120\ m}{0{,}357\ \Omega} = \mathbf{6\ mm^2}$$

Beispiel 3.5   Berechnen Sie den Widerstand einer Aluminiumschiene von der Länge $l = 7$ m und mit dem rechteckigen Querschnitt $A = 80$ mm x 12,5 mm.

Lösung   Mit dem Querschnitt $A = b \cdot s = 80$ mm $\cdot$ 12,5 mm $= 1000$ mm² erhält man den Widerstand

$$R = \frac{l}{\gamma \cdot A} = \frac{7\ m}{35 \frac{m}{\Omega \cdot mm^2} \cdot 1000\ mm^2} = \mathbf{0{,}0002\ \Omega.}$$

Aufgaben

1. Wie groß ist der Widerstand eines Kupferdrahts mit a) 140 m, b) 37 m, c) 2,6 km Länge und 2,5 mm² Querschnitt?

2. Für einen Strommesser ist ein Nebenwiderstand a) 0,04 Ω, b) 0,0086 Ω, c) 184 mΩ herzustellen. Wie lang muß der Kupfernickel-Draht[1]) mit dem Querschnitt 0,5 mm² sein?

3. Ein a) 6 m, b) 2,5 m, c) 0,5 m langes, einadriges Meßkabel aus isoliertem Kupferdraht soll den Widerstand 0,0178 Ω haben. Wie groß muß der Leiterquerschnitt sein?

4. Aus welcher Widerstandslegierung besteht der Draht eines Vorwiderstands mit 0,5 mm² Querschnitt und der Länge a) 25 m, b) 10 m, c) 2 m, dessen Widerstandswert a) 21,5 Ω, b) 10 Ω, c) 1,6 Ω beträgt?

5. Welche Leitfähigkeit hat
   a) Platin mit $\varrho = 0{,}098 \; \frac{\Omega \cdot mm^2}{m}$,
   b) Quecksilber mit $\varrho = 0{,}958 \; \frac{\Omega \cdot mm^2}{m}$,
   c) Messing mit $\varrho = 0{,}063 \; \frac{\Omega \cdot mm^2}{m}$?

6. Wie groß sind Widerstand und Leitwert einer Aluminiumschiene mit der Länge a) 8 m, b) 2,4 m, c) 960 m, und dem Querschnitt 20 mm x 3 mm?

7. Aus Kupferlackdraht mit dem blanken Durchmesser a) 0,15 mm, b) 0,08 mm, c) 0,5 mm soll eine Relaisspule mit 60 Ω Widerstand hergestellt werden. Welche Drahtlänge ist erforderlich?

8. Eine 70 m lange, zweiadrige Aluminiumleitung (**3**.2) darf einen Widerstand von höchstens a) 0,4 Ω, b) 0,26 Ω, c) 0,8 Ω haben. Wie groß muß der Durchmesser des Aluminiumdrahts sein?

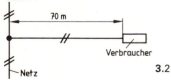

3.2

9. Ein Stahldraht hat den Durchmesser und die Länge
   a) $d = 3$ mm und $l = 18$ m,
   b) $d = 1{,}8$ mm und $l = 6{,}75$ m,
   c) $d = 2{,}5$ mm und $l = 124$ m.
   Wie groß sind Widerstand und Leitwert?

10. Ein Festwiderstand aus Kupfernickel-Draht (CuNi 44) mit
    a) $d = 0{,}6$ mm und $l = 18$ m,
    b) $d = 0{,}25$ mm und $l = 5{,}8$ m,
    c) $d = 1{,}4$ mm und $l = 48{,}6$ m
    liegt an der Spannung 24 V.
    Wie groß sind der Widerstand, der Leitwert und die Stromstärke?

11. Ein Heizwiderstand aus Heizleiterband NiCr 8020 mit
    a) 2 mm x 0,3 mm,
    b) 1,2 mm x 0,2 mm,
    c) 3 mm x 0,5 mm
    Querschnitt soll an 220 V die Stromstärke 4,4 A aufnehmen. Wie groß müssen der Widerstand und die Bandlänge sein?

12. Ein Kabel besteht aus 54 Aluminiumdrähten mit je a) 3 mm, b) 2,7 mm, c) 3,6 mm Durchmesser. Das ganze Kabel ist 150 m lang. Zu berechnen sind der Widerstand, der Leitwert und die Masse des Kabels.

13. Eine zweiadrige Kupferleitung (**3**.3) hat die Länge und den Durchmesser
    a) $l = 28$ m; $d = 1{,}38$ mm,
    b) $l = 134$ m; $d = 1{,}78$ mm,
    c) $l = 67$ m; $d = 2{,}26$ mm.
    Sie wird von 9 A durchflossen. Wie groß sind der Widerstand und der Spannungsfall?

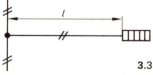

3.3

14. In einer zweiadrigen Aluminiumleitung mit der Länge 87,5 m darf die Stromstärke 16 A fließen. Der höchstzulässige Spannungsfall beträgt a) 3,2 V, b) 9 V, c) 7,5 V (**3**.3). Wie groß darf der Leiterwiderstand im Höchstfall sein, und welcher Leiterquerschnitt ist mindestens erforderlich?

---

[1]) Die Legierung Kupfernickel (CuNi) wurde früher als Konstantan bezeichnet.

15. Eine Aluminiumleitung mit dem Querschnitt a) 2,5 mm², b) 4 mm², c) 6 mm² soll durch eine Kupferleitung mit gleicher Länge und gleichem Widerstand ersetzt werden. Wie groß muß der Querschnitt der Kupferleitung sein?

16. Auf das Prozellanrohr 3.4 mit der Wickellänge l_w und dem Außendurchmesser d_a ist ein Manganindraht mit dem Durchmesser d so dicht gewickelt, daß sich die Windungen berühren (s. Aufgabe 17). Wie groß sind für

l_w	d_a	d
a) 300 mm	50 mm	1,5 mm
b) 250 mm	40 mm	1,2 mm
c) 400 mm	60 mm	1,6 mm

die Länge einer Drahtwindung, die Windungszahl, die Leiterlänge und der Widerstand?

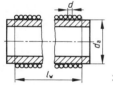

3.4

17. Die Windungen eines Drahtwiderstands werden so dicht gewickelt, daß sie sich berühren, ohne daß die Gefahr des Kurzschlusses zwischen den einzelnen Drahtwindungen besteht. Wie ist das zu erklären? Zur Beurteilung des Sachverhalts ist es zweckmäßig, die auf eine Leiterwindung entfallende Spannung, die Windungsspannung, zu berechnen. Wie groß ist die Windungsspannung z. B. beim Drahtwiderstand der Aufgabe 16, wenn dieser an 220 V angeschlossen wird?

18. Ein Stellwiderstand mit 64 Ω soll mit Nickelindraht aus $d = 0,6$ mm neu bewickelt werden. Wie groß sind Windungslänge, Leiterlänge und Windungszahl, und welche Wickellänge braucht man bei Verwendung eines Isolierrohrs mit Außendurchmesser d_a = a) 30 mm, b) 40 mm, c) 50 mm, wenn die Windungen so dicht aufgebracht werden, daß sie sich berühren (s. Aufgabe 17)?

19. Beschriftung einer Relaisspule:
a) 35 – 3800 – 0,4 CuL,
b) 50 – 2600 – 0,3 CuL,
c) 55 – 4200 – 0,2 CuL.
Zu berechnen sind die Drahtlänge, der mittlere Windungsdurchmesser und die Masse der Wicklung.

20. Ein Heizwiderstand für 220 V; 4 A bestehend aus Heizleiterband CrAl 25 5 mit dem Querschnitt
a) 2 mm x 0,3 mm,
b) 1 mm x 0,1 mm,
c) 3 mm x 0,5 mm
ist durchgebrannt und soll erneuert werden. Wieviel m Widerstandsband sind erforderlich?

21. In einer zweiadrigen Kupferleitung zum Anschluß eines Gleichstrommotors 220 V; 16 A darf ein höchster Spannungsfall von 3,5 % der Netzspannung auftreten. Die Zuleitung ist a) 40 m, b) 60 m, c) 81 m lang. Welcher Nennquerschnitt ist erforderlich?

22. Der infolge Überlastung durchgebrannte Widerstandsdraht eines Schiebewiderstands mit 12 Ω soll erneuert werden. Zu beachten sind: Widerstandswerkstoff CuNi 44 mit dem Drahtdurchmesser a) 1,6 mm, b) 1,4 mm, c) 1,2 mm; Wickelkörper mit 60 mm Außendurchmesser und 400 mm verfügbarer Wickellänge. Wieviel Meter Draht sind erforderlich, und wie groß ist die ausgenutzte Wickellänge, wenn sich die Windungen berühren?

23. Ein Kupferleiter mit den Angaben
a) $l = 64$ m; $A = 10$ mm²,
b) $l = 38$ m; $A = 16$ mm²,
c) $l = 82$ m; $A = 25$ mm²
ist durch einen widerstandsgleichen Stahl-Runddraht gleicher Länge zu ersetzen. Wie groß muß dessen Durchmesser sein?

24. Die Spule eines Bremsmagneten hat den mittleren Windungsdurchmesser 15,7 cm. Der Durchmesser des Kupferdrahts beträgt 0,5 mm. An 110 V angeschlossen, soll die Spule 0,8 A aufnehmen. Die tatsächliche Stromaufnahme beträgt aber a) 0,75 A, b) 0,46 A, c) 0,62 A. Wieviel Windungen hat die Spule zu viel?

25. Der in Bild **3.5** abgebildete Spulenkörper mit den Maßen
    a) $l_1 = 40$ mm $l_2 = 30$ mm und $l_w = 48$ mm
    b) $l_1 = 50$ mm $l_2 = 35$ mm und $l_w = 54$ mm
    c) $l_1 = 65$ mm $l_2 = 48$ mm und $l_w = 62$ mm

    soll mit einer Wicklung auf Kupferrunddraht B 0,4 M DIN 46 436 (Kerndurchmesser $d_1 = 0,4$ mm; Außendurchmesser $d_2 = 0,527$ mm) versehen werden. Die Windungszahl soll a) 4000, b) 6000, c) 8000 betragen; Füllfaktor ist 0,8. Wie groß sind die erforderliche Leiterlänge, der Widerstand und die Masse des Kupferdrahts?

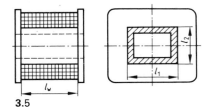

3.5

26. Auf einer Rolle befindet sich Kupferdraht mit einem Durchmesser von a) 0,8 mm, b) 1,2 mm, c) 1,5 mm. Die Masse beträgt 12 kg. Wieviel Meter Draht sind auf der Rolle? Wie groß ist der Drahtwiderstand?

3.2 Stromdichte

Um die Belastung eines Leiters unabhängig von der Größe des Leiterquerschnitts angeben zu können, ermittelt man seine Belastung je Flächeneinheit, seine Stromdichte J.

$$J = \frac{I}{A} \qquad J \text{ in } \frac{A}{mm^2} \qquad \begin{array}{l} I \text{ in A} \\ A \text{ in mm}^2 \end{array}$$

Gebräuchliche Werte für die Stromdichte J.
- Spulen und Maschinenwicklungen 2 bis 6 A/mm²,
- Anlaßwiderstände 5 bis 10 A/mm²,
- Heizleiter 10 bis 30 A/mm².

Bei zusätzlicher Kühlung dürfen auch höhere Werte auftreten.

Beispiel 3.6 In einem Kupferdraht mit einem Querschnitt $A = 10$ mm² soll höchstens eine Stromdichte $J = 6$ A/mm² auftreten. Wie groß darf die Stromstärke im Höchstfall sein?

Lösung $I = J \cdot A = 6 \text{ A/mm}^2 \cdot 10 \text{ mm}^2 = \mathbf{60\ A}$

Aufgaben

1. Ein Leiter mit 4 mm² Querschnitt wird von a) 6 A, b) 8 A, c) 35 A durchflossen. Wie groß ist die Stromdichte?

2. In einer Sammelschiene mit dem Querschnitt a) 8 mm × 3 mm, b) 12 mm × 4 mm, c) 40 mm × 5 mm soll die Stromdichte höchstens 6,5 A/mm² betragen. Wie groß darf die Stromstärke im Höchstfall sein?

3. Der Mindestquerschnitt eines Heizleiters für 6 A ist zu berechnen. Die zulässige Stromdichte beträgt a) 12 A/mm², b) 18 A/mm², c) 25 A/mm².

4. VDE 0100 ordnet den Querschnitten isolierter Starkstromleitungen der Gruppe 3 folgende Stromsicherungen zu:

Leiterquerschnitt in mm²	0,75	1	1,5	2,5	4	6	10	16	25
Nennstrom der Sicherung in A		10	16	20	25	35	50	63	80	100

Wie groß sind die den Sicherungswerten entsprechenden Stromdichten?

5. Eine Wicklung aus Kupferlackdraht a) CuL 0,48, b) CuL 0,18, c) CuL 1,2 wird von 0,4 A durchflossen. Wie groß ist die Stromdichte?

6. Die Wicklung eines Elektromagneten besteht aus isoliertem Kupferrunddraht mit 1,2 mm Durchmesser. Die Stromdichte soll
a) 4 A/mm², b) 2,5 A/mm², c) 5 A/mm² nicht überschreiten. Wie groß ist die zulässige Stromstärke?

7. In der Erregerwicklung eines Gleichstrommotors für 220 V soll der Erregerstrom 0,8 A fließen bei der zulässigen Stromdichte
a) 3 A/mm², b) 4 A/mm², c) 5 A/mm². Stellen Sie fest, ob die Bedingung für einen Draht mit
a) 0,6 mm, b) 0,5 mm, c) 0,4 mm Durchmesser erfüllt ist.

8. Auf das Prozellanrohr **3.6** mit dem Außendurchmesser 50 mm soll der Widerstand a) 1000 Ω, b) 330 Ω, c) 10 Ω aus Manganindraht so dicht gewickelt werden, daß sich die Windungen berühren (s. Aufgabe 17 in Abschn. 3.1). Die Belastbarkeit soll 0,8 A betragen, die Stromdichte 4 A/mm² nicht überschreiten. Berechnen Sie den Drahtquerschnitt, die Leiterlänge, den Leiterdurchmesser, die mittlere Windungslänge, die Windungszahl, die Wickellänge l_w und die zulässige Klemmenspannung.

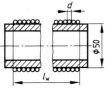

3.6

9. In einer Relaisspule aus Kupferlackdraht a) CuL 0,34, b) CuL 0,42, c) CuL 0,65 soll an 24 V die Stromdichte 2,5 A/mm² betragen. Berechnen Sie die Stromaufnahme, den Widerstand, die Leiterlänge und die Masse des Kupfers.

10. Die Ankerwicklung eines Gleichstrom-Nebenschlußmotors wird bei Nennbelastung von 63,8 A durchflossen. Der Durchmesser des Ankerleiters beträgt 2,6 mm. Der Erregerstrom ist auf dem Leistungsschild mit 3 A angegeben. Der Drahtdurchmesser der Erregerwicklung wird mit 0,88 mm ermittelt.
a) Berechnen Sie die Stromdichten für beide Wicklungen und begründen Sie die größere Stromdichte in der Ankerwicklung.
b) Wie groß ist der prozentuale Anteil des Erregerstroms vom Ankerstrom?

3.3 Abhängigkeit des Leiterwiderstands von der Temperatur

Die Widerstandsänderung ΔR (Δ = griechisch Delta) eines Leiters mit dem Widerstand R_1 und dem Temperaturbeiwert α erhält man für die Temperaturänderung $\Delta\vartheta$ (ϑ = griechisch theta) mit der Formel

$$\Delta R = \alpha \cdot R_w \cdot \Delta\vartheta$$

ΔR Widerstandsänderung in Ω

Der Warmwiderstand R_w nach einer Temperaturerhöhung wird berechnet mit der Formel:

$$R_w = R_k + \Delta R$$

oder

$$R_w = R_k + R_k \cdot \alpha \cdot \Delta \vartheta$$

oder

$$R_w = R_k (1 + \alpha \cdot \Delta \vartheta)$$

R_w (Warmwiderstand) in Ω nach Temperaturzunahme

R_k (Kaltwiderstand) in Ω vor Temperaturzunahme (Bezugstemperatur 20 °C).

α in $\dfrac{1}{K}$ oder K^{-1}

$\Delta \vartheta$ in K (°C) ist der Temperaturunterschied zwischen der Anfangs- und der Endtemperatur ($\Delta \vartheta = \vartheta_w - \vartheta_k$)

Der Widerstand metallischer Leiter nimmt mit steigender Temperatur zu (α ist positiv); der Widerstand von Kohle, Halbleitern, Gasen und Flüssigkeiten nimmt mit steigender Temperatur ab (α ist negativ). Bei den meisten Metallegierungen ändert sich der Widerstand mit der Temperatur nicht oder nur unwesentlich (s. Tabelle 1, des Anhangs).

Beispiel 3.7 Ein Kupferdraht hat bei der Temperatur ϑ_k = 20 °C den Widerstand R_k = 6 Ω. Wie groß ist sein Widerstand R_w nach Erwärmung auf die Temperatur ϑ_w = 80 °C?

Lösung Kupfer hat den Temperaturbeiwert $\alpha = 0{,}004 \; \dfrac{1}{K}$.

Die Temperaturerhöhung beträgt

$\Delta \vartheta = \vartheta_w - \vartheta_k = 80\,°C - 20\,°C = 60\,K$.

Daraus ergeben sich die Widerstandserhöhung

$\Delta R = R_k \cdot \alpha \cdot \Delta \vartheta = 6\,\Omega \cdot 0{,}004 \cdot \dfrac{1}{K} \cdot 60\,K = 1{,}44\,\Omega$

und der Warmwiderstand

$R_w = R_k + \Delta R = 6\,\Omega + 1{,}44\,\Omega = \mathbf{7{,}44\,\Omega}$.

Einsatz des Taschenrechner am Beispiel 3.7

mit Klammerangaben
6 (1 + 0,004 · 60)

ohne Klammerangaben

Aufgaben

1. Ein Kupferdraht hat bei 16 °C den Widerstand 24 Ω. Um wieviel Ohm nimmt sein Widerstand zu, wenn die Temperatur auf a) 60 °C, b) 52 °C, c) 36 °C ansteigt?

2. Um wieviel Kelvin ist die Temperatur eines Aluminiumleiters angestiegen, wenn sich sein Widerstand
   a) von 0,48 Ω auf 0,52 Ω,
   b) von 16,5 Ω auf 20 Ω,
   c) von 1,46 kΩ auf 1,5 Ω
   geändert hat?

3. Die Kupferwicklung eines Elektromagneten hat vor dem Einschalten bei der Raumtemperatur 20 °C den Widerstand a) 52 Ω, b) 128 Ω, c) 540 Ω. Während des Betriebs beträgt die mittlere Betriebstemperatur 64 °C. Wie groß sind die Widerstandszunahme und der Widerstand der erwärmten Wicklung?

4. Die mittlere Betriebstemperatur einer Maschinenwicklung aus Kupferdraht soll durch je eine Widerstandsmessung vor der Inbetriebnahme und sofort nach dem Abschalten des Motors ermittelt werden. Dabei ergeben sich folgende Werte:
   a) 0,64 Ω und 0,742 Ω,
   b) 145 Ω und 158 Ω,
   c) 92 Ω und 96,8 Ω.
   Die Umgebungstemperatur der Maschine beträgt 15 °C.

5. Zur Ermittlung der mittleren Betriebstemperatur eines Elektromotors wird der Widerstand der Motorwicklung im „kalten" und „warmen" Zustand durch Spannungs- und Strommessung bestimmt. Bei 20 °C und 0,5 V angelegter Spannung fließt ein Strom von
   a) 640 mA, b) 375 mA, c) 724 mA.
   Nach mehrstündigem Betrieb und erwärmter Wicklung werden bei ebenfalls 0,5 V gemessen:
   a) 580 mA, b) 328 mA, c) 695 mA.
   Wie groß ist der Widerstand der kalten und der warmen Wicklung, und wie groß ist die mittlere Betriebstemperatur?

6. Eine 15-W-Metallfadenlampe für 220 V hat die in Bild **3.7**, eine 60-W-Kohlefadenlampe für 220 bis 230 V die in Bild **3.8** dargestellte Strom-Spannungs-Kennlinie. Für beide Lampen sind für die Spannungen 20 V, 40 V, 60 V bis 240 V die jeweiligen Widerstandswerte zu berechnen. Deren Abhängigkeit von der Spannung ist durch eine Kennlinie darzustellen. Wie groß ist der Einschaltstrom beider Lampen beim Anschluß an 220 V, wenn der Kaltwiderstand dem ersten berechneten Wert entspricht?

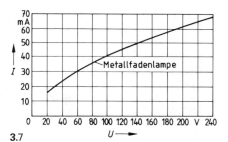
3.7

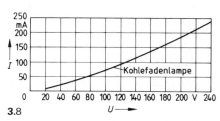
3.8

7. Bei welcher Temperatur hat Leitungskupfer die Leitfähigkeit
   a) $52 \, \dfrac{m}{\Omega \cdot mm^2}$,
   b) $50 \, \dfrac{m}{\Omega \cdot mm^2}$,
   c) $60 \, \dfrac{m}{\Omega \cdot mm^2}$?

8. Eine 2,8 km lange zweiadrige Kupferleitung mit dem Querschnitt 25 mm² wird als Freileitung tagsüber auf a) 45 °C, b) 50 °C, c) 42 °C erwärmt. Nachts kühlt sie sich auf 15 °C ab. Wie groß ist in beiden Fällen ihr Widerstandswert? Um wieviel Prozent weicht der Widerstandswert tagsüber und nachts bei den angegebenen Temperaturen von dem Leitungswiderstand bei 20 °C ab?

9. Um wieviel Kelvin darf sich die Temperatur eines Meßwiderstands aus Manganindraht ändern, wenn die Widerstandsänderung im Höchstfall a) 0,1 %, b) 0,05 %, c) 1,5 % betragen darf?

10. Die Wicklungstemperatur eines Motors steigt nach mehrstündigem Betrieb
    a) von 20 °C auf 70 °C,
    b) von 20 °C auf 80 °C,
    c) von 20 °C auf 90 °C.

Auf wieviel Prozent vom ursprünglichen Wert sinkt die Stromstärke in der Wicklung, wenn die Spannung konstant ist?

11. Der Gleichstromwiderstand einer Transformatorwicklung beträgt bei 18 °C 153 Ω. Nach längerer Betriebszeit wird der Widerstand mit a) 30 %, b) 35 %, c) 40 % mehr gemessen als im kalten Zustand. Wie groß war die Betriebstemperatur?

12. Die Temperatur einer Wicklung aus Kupferlackdraht erhöht sich im Betrieb von 16 °C auf 72 °C. Nach Abschalten des Stroms beträgt der Widerstand a) 248 Ω, b) 0,73 Ω, c) 4,5 kΩ. Wie groß ist der Widerstandswert der Wicklung bei 16 °C?

13. Ein Widerstandsthermometer aus Nickel hat bei –60 °C den Widerstand 69,5 Ω. Wie hoch ist die Temperatur, wenn der Widerstand auf a) 129,1 Ω, b) 175,9 Ω, c) 223,1 Ω gestiegen ist und angenommen wird, daß der Temperturbeiwert α in diesem Temperaturbereich unverändert 0,00617 K^{-1} beträgt?

14. In der Grundwertreihe für Widerstandsthermometer aus Platin (Pt 100) sind u.a. folgende Temperatur-Widerstandswerte angegeben:

a)   10 °C – 103,9 Ω   und
       80 °C – 130,9 Ω
b)   150 °C – 157,3 Ω   und
    295 °C – 210,3 Ω
c)   330 °C – 222,7 Ω   und
    485 °C – 276 Ω

Wie groß ist der mittlere Temperaturbeiwert in diesem Temperaturbereich?

4 Schaltung von Widerständen

4.1 Reihenschaltung

Bei der Reihenschaltung 4.1 ist die Stromstärke in allen Widerständen gleich groß.

$$I = I_1 = I_2 = I_3 \ldots$$

Die Gesamtspannung ist gleich der Summe der Teilspannungen (2. Kirchhoffsches Gesetz).

$$U = U_1 + U_2 + U_3 \ldots$$

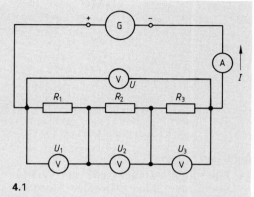

4.1

Bei n gleichen Widerständen R_1 ist die Gesamtspannung $U = n \cdot U_1$. Der Gesamtwiderstand ist gleich der Summe der Einzelwiderstände.

$$R = R_1 + R_2 + R_3 \ldots$$

Bei n gleichen Widerständen R_1 ist der Gesamtwiderstand $R = n \cdot R_1$.

Ferner gilt, da die Stromstärke in allen Widerständen gleich groß ist, nach dem Ohmschen Gesetz:

$$\frac{U}{R} = \frac{U_1}{R_1} \quad \text{oder} \quad \frac{U}{R} = \frac{U_2}{R_2} \quad \text{oder} \quad \frac{U_1}{R_1} = \frac{U_2}{R_2} \quad \text{usw.}$$

Beispiel 4.1 Die Widerstände $R_1 = 8\,\Omega$ und $R_2 = 14\,\Omega$ werden in Reihenschaltung an die Spannung $U = 22\,V$ gelegt. Wie groß sind die Stromstärke I sowie die Teilspannungen U_1 und U_2 an den Widerständen?

Lösung
$R = R_1 + R_2 = 8\,\Omega + 14\,\Omega = 22\,\Omega \qquad I = \dfrac{U}{R} = \dfrac{22\,V}{22\,\Omega} = \mathbf{1\,A}$

$U_1 = I \cdot R_1 = 1\,A \cdot 8\,\Omega = \mathbf{8\,V} \qquad U_2 = I \cdot R_2 = 1\,A \cdot 14\,\Omega = \mathbf{14\,V}$

Beispiel 4.2 Die Spannung $U = 110\,V$ soll an einem Gesamtwiderstand $R = 2200\,\Omega$ so aufgeteilt werden, daß die Teilspannung $U_1 = 75\,V$ abgegriffen werden kann. Wie groß müssen die beiden Einzelwiderstände R_1 und R_2 sein?

Lösung
$U_2 = U - U_1 = 110\,V - 75\,V = 35\,V \qquad I = \dfrac{U}{R} = \dfrac{110\,V}{2200\,\Omega} = 0{,}05\,A$

$R_1 = \dfrac{U_1}{I} = \dfrac{75\,V}{0{,}05\,A} = \mathbf{1500\,\Omega} \qquad R_2 = \dfrac{U_2}{I} = \dfrac{35\,V}{0{,}05\,A} = \mathbf{700\,\Omega}$

Aufgaben zu Widerstandsschaltungen lassen sich auch grafisch lösen. Das soll anhand des Rechenbeispiels 4.1 aufgezeigt werden.

Beispiel 4.3 Gegeben sind die Widerstände $R_1 = 8\,\Omega$ und $R_2 = 14\,\Omega$. Beide sind in Reihenschaltung an 22 V angeschlossen. Man betrachtet zunächst jeden Widerstand für sich und berechnet die Stromaufnahme.

$$I_1 = \frac{U}{R_1} = \frac{22\,\text{V}}{8\,\Omega} = 2{,}75\,\text{A} \quad \text{und}$$

$$I_2 = \frac{U}{R_2} = \frac{22\,\text{V}}{14\,\Omega} = 1{,}57\,\text{A}$$

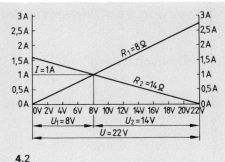

4.2

I_1 und I_2 sind die oberen Endpunkte der beiden Widerstandsgeraden. Diese werden in ein Achsensystem eingetragen (**4.2**). Ein Lot vom Schnittpunkt der beiden Widerstandsgeraden auf die I-Achse gibt den Gesamtstrom $I = 1$ A an. Das Lot auf die U-Achse zeigt für U_1 den Spannungsfall 8 V, für U_2 den Spannungsfall 14 V an.

Aufgaben

1. Für einen Versuch wird ein Widerstand mit 1,8 kΩ gebraucht. Vorhanden sind zwei Widerstände mit
   a) 650 Ω und 286 Ω,
   b) 418 Ω und 534 Ω,
   c) 307 Ω und 103 Ω.
   Wie groß muß der zuzuschaltende Widerstand sein?

2. Für eine Lampenkette sollen Kleinspannungslampen mit der Nennspannung a) 12 V, b) 6 V, c) 8 V in Reihenschaltung an das 220-V-Netz angeschlossen werden. Wieviel Lampen sind erforderlich?

3. Eine Lampenkette für 220 V besteht aus a) 14 Lampen, b) 16 Lampen, c) 12 Lampen in Reihenschaltung. Für drei Lampen, die durchgebrannt sind, werden Strombrücken eingelegt. Wie groß ist die Spannungszunahme in Volt und in Prozent des ursprünglichen Wertes an jeder der noch verbliebenen Lampen?

4. Die drei Widerstände
   a) 20 Ω, 30 Ω und 50 Ω,
   b) 47 Ω, 18 Ω und 85 Ω,
   c) 852 Ω, 1,24 kΩ und 908 Ω
   liegen in Reihenschaltung an 60 V. Wie groß sind der Gesamtwiderstand, die Teilspannungen und die Stromaufnahme?

5. Die Erregerwicklung eines Gleichstrommotors für 220 V hat den Widerstand a) 1200 Ω, b) 850 Ω, c) 620 Ω. Mit der Wicklung soll ein Widerstand in Reihe geschaltet werden (Feldsteller), der die Erregerstromstärke um 30 % schwächt. Welchen Widerstandswert muß ein solcher Feldsteller haben?

6. Zur Skalenbeleuchtung eines Rundfunkempfängers sind vier gleiche Skalenlampen
   a) 10 V/0,05 A, b) 15 V/0,2 A,
   c) 12 V/0,15 A
   in Reihenschaltung mit einem Vorwiderstand an 250 V Betriebsspannung gelegt. Wie groß ist die auf den Vorwiderstand entfallende Teilspannung, und wie groß ist dessen Widerstandswert?

7. Zwei Spannungsmesser mit je 300 V Meßbereich werden in Reihenschaltung an 600 V angeschlossen (**4.3**). Die Innenwiderstände für die beiden Meßgeräte betragen
   a) 120 kΩ und 150 kΩ,
   b) 350 kΩ und 400 kΩ,
   c) 420 kΩ und 500 kΩ.
   Wie groß sind die Stromstärke und Teilspannungen an den Meßgeräten?

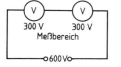

4.3

8. Der Spannungsmesser in Bild **4.4** zeigt a) 10 V, b) 8 V, c) 4 V. Wie groß sind die Stromstärke I, die Teilspannung an R_2 und der Widerstand R_2?

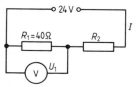

4.4

9. Eine Glühlampe a) 8 V/0,625 A, b) 12 V/1,25 A, c) 24 V/0,2 A soll für eine Versuchsschaltung an 220 V angeschlossen werden. Wie groß ist die auf den Vorschaltwiderstand entfallende Teilspannung, und wie groß muß sein Widerstandswert sein?

10. Ein Elektrowärmegerät für 220 V mit der Stromaufnahme 20 A ist mit einer 18 m langen zweiadrigen Kupferleitung mit dem Querschnitt a) 6 mm², b) 2,5 mm², c) 10 mm² an das Netz angeschlossen. Wie groß sind der Spannungsfall in der Leitung in Volt und in Prozent der Netzspannung sowie die Klemmenspannung am Verbraucher?

11. Zwei Glühlampen mit der Aufschrift
a) 2,5 V/0,2 A und 2,5 V/0,1 A
b) 12 V/0,1 A und 12 V/0,15 A,
c) 10 V/0,05 A und 10 V/0,2 A
liegen in Reihenschaltung an
a) 5 V, b) 24 V, c) 20 V.
Wie groß ist die Stromstärke?
Wie verteilt sich die Spannung auf die beiden Lampen, wenn die durch die Temperaturänderung auftretende Widerstandsänderung der Glühfäden nicht berücksichtigt wird?
Welche von beiden Lampen leuchtet heller?

12. Zwei Widerstände liegen in Reihenschaltung an 220 V (**4.5**). Wie groß sind die Stromstärke und der Widerstand R_1, wenn der Spannungsmesser a) 100 V, b) 88 V, c) 124 V anzeigt?

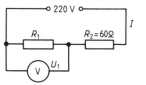

4.5

13. In der zweiadrigen Kupferdrahtzuleitung zu einem Heizofen für 220 V darf der Spannungsfall 3 % der Netzspannung 220 V nicht überschritten werden. Die Leitung ist 56 m lang (einfache Länge), die Stromstärke beträgt 45,5 A. Stellen Sie fest, ob ein Leitungsquerschnitt von a) 16 mm², b) 25 mm², c) 10 mm² die geforderte Bedingung erfüllt.

14. Ein Heizgerät nimmt bei kurzgeschlossenem Vorwiderstand (Schalter in Bild **4.6** geschlossen) an 220 V a) 8 A, b) 10 A, c) 5 A auf. Bei eingeschaltetem Vorwiderstand (Schalter offen) soll die Stromstärke um 2 A verringert werden. Welchen Wert muß der Vorwiderstand haben?

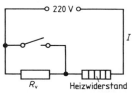

4.6

15. Bei der in Bild **4.7** dargestellten Reihenschaltung dreier Widerstände zeigen der Strom- und der Spannungsmesser folgende Werte an:
a) 2 A und 80 V,
b) 0,8 A und 60 V,
c) 500 mA und 110 V.
Welche Werte haben die beiden Widerstände R_1 und R_2?

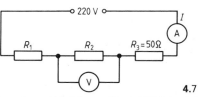

4.7

16. In einer Wicklung für 220 V und 2 A soll die Stromstärke durch einen Vorwiderstand um
a) 30 %, b) 20 %, c) 50 %
verringert werden. Für den Vorwiderstand soll ein Kupfernickeldraht mit 0,5 Ω · mm²/m verwendet werden. Welcher Drahtdurchmesser und welche Drahtlänge sind für den Vorwiderstand erforderlich, wenn die Stromdichte nicht größer als 4 A/mm² sein darf?

17. Eine Glimmlampe hat folgende Nennwerte:
    a) 140 V/16 mA,
    b) 120 V/0,1 mA,
    c) 44 V/0,8 mA.
    Welcher Vorwiderstand ist zur Strombegrenzung für den Anschluß an 220 V erforderlich?

18. Bei der in Bild **4.8** dargestellten Meßschaltung werden folgende Werte gemessen:
    a) 180 V und 2 A,
    b) 50 V und 0,5 A,
    c) 18 V und 0,3 A.
    Wie groß sind der Widerstand R_2 und die angelegte Spannung?

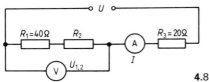

4.8

19. Der Heizwiderstand eines Ofens
    a) 100 Ω und 1,8 A,
    b) 90 Ω und 2 A,
    c) 40 Ω und 4 A
    ist über einen Vorwiderstand an 220 V angeschlossen. Um welchen Betrag in Volt und in Prozent seiner Nennspannung steigt die Klemmenspannung am Heizwiderstand, wenn von den vier in Reihe geschalteten gleichen Widerstandsspiralen des Vorwiderstands eine durchgebrannt ist und deshalb überbrückt wurde?

20. Die Meßgeräte in der Schaltung nach Bild **4.9** zeigen bei Schleiferstellung I folgende Werte an:
    a) $U_{1;2} = 110$ V, $U_{2;3} = 180$ V, $I = 5$ A;
    b) $U_{1;2} = 7,6$ V, $U_{2;3} = 8$ Ω, $I = 0,2$ A;
    c) $U_{1;2} = 45$ V, $U_{2;3} = 70$ V, $I = 2,5$ A.
    Wie groß sind die Spannung U und die Teilwiderstände R_1 und R_2? Wie ändern sich die Stromstärke und die Teilspannungen, wenn der Schleifkontakt nach II verschoben wird?

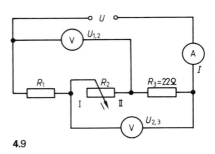

4.9

4.2 Parallelschaltung

Bei der Parallelschaltung 4.10 ist die Spannung an allen Widerständen gleich groß.

$$U = U_1 = U_2 = U_3 = \ldots$$

Die Gesamtstromstärke ist gleich der Summe der Teilstromstärken (1. Kirchhoffsches Gesetz).

$$I = I_1 + I_2 + I_3 + \ldots$$

Bei n gleichen Widerständen R_1 ist die Gesamtstromstärke $I = n \cdot I_1$.

Der Gesamtleitwert ist gleich der Summe der Einzelleitwerte.

$$G = G_1 + G_2 + G_3 + \ldots$$

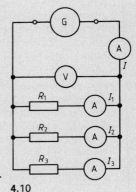

4.10

Bei n gleichen Widerständen mit dem Leitwert G_1 ist der Gesamtleitwert $G = n \cdot G_1$.
Der Kehrwert des Gesamtwiderstands ist gleich der Summe der Kehrwerte der Einzelwiderstände.

$$\frac{1}{R} = \frac{1}{R_1} + \frac{1}{R_2} + \frac{1}{R_3} + \ldots$$

Für n gleiche Widerstände R_1 ist der Gesamtwiderstand $R = \frac{R_1}{n}$. Da die Spannung an allen Widerständen gleich groß ist, gilt nach dem Ohmschen Gesetz:

$$I \cdot R = I_1 \cdot R_1 = I_2 \cdot R_2 = I_3 \cdot R_3 = \ldots$$

Auch für die Parallelschaltung von Widerständen läßt sich das grafische Lösungsverfahren anwenden, wie das folgende Beispiel zeigt.

Beispiel 4.4 Die Widerstände $R_1 = 80\ \Omega$ und $R_2 = 120\ \Omega$ liegen in Parallelschaltung an 120 V. Wie groß ist der Gesamtwiderstand?

Lösung Auf einer beliebig langen waagerechten Linie werden zwei senkrechte „Widerstandsachsen" gezeichnet. Man trägt entsprechend Bild **4.11** die Widerstände R_1 und R_2 ein. Im Schnittpunkt der beiden Geraden wird das Lot auf eine der beiden Widerstandsachsen gefällt. Der Gesamtwiderstand ist mit $R = 48\ \Omega$ abzulesen.
Eine Nachrechnung bestätigt das Ergebnis.

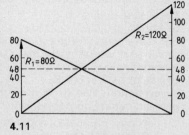
4.11

Beispiel 4.5 Die drei Widerstände $R_1 = 8\ \Omega$, $R_2 = 10\ \Omega$ und $R_3 = 40\ \Omega$ sind parallel geschaltet. Die Gesamtstromstärke ist $I = 5\ A$. Wie groß sind der Gesamtwiderstand R, die Spannung U und die Teilstromstärken I_1, I_2 und I_3?

Lösung
$$\frac{1}{R} = \frac{1}{R_1} + \frac{1}{R_2} + \frac{1}{R_3} = \frac{1}{8\ \Omega} + \frac{1}{10\ \Omega} + \frac{1}{40\ \Omega}$$

$$\frac{1}{R} = 0{,}125\ \frac{1}{\Omega} + 0{,}1\ \frac{1}{\Omega} + 0{,}025\ \frac{1}{\Omega} = 0{,}25\ \frac{1}{\Omega}$$

Durch Bildung des Kehrwerts erhält man $R = \frac{1}{0{,}25}\ \Omega = \mathbf{4\ \Omega}$.

$U = I \cdot R = 5\ A \cdot 4\ \Omega = \mathbf{20\ V}$

$I_1 = \frac{U}{R_1} = \frac{20\ V}{8\ \Omega} = \mathbf{2{,}5\ A} \qquad I_2 = \frac{U}{R_2} = \frac{20\ V}{10\ \Omega} = \mathbf{2\ A} \qquad I_3 = \frac{U}{R_3} = \frac{20\ V}{40\ \Omega} = \mathbf{0{,}5\ A}$

Probe $I = I_1 + I_2 + I_3 = 2{,}5\ A + 2\ A + 0{,}5\ A = 5\ A$

Beispiel 4.6 Zwei Widerstände $R_1 = 150\ \Omega$ und $R_2 = 100\ \Omega$, liegen in Parallelschaltung an der Spannung $U = 60\ V$. Wie groß ist die Gesamtstromstärke I?

Lösung $I_1 = \frac{U}{R_1} = \frac{60\ V}{150\ \Omega} = 0{,}4\ A \qquad I_2 = \frac{U}{R_2} = \frac{60\ V}{100\ \Omega} = 0{,}6\ A$

$I = I_1 + I_2 = 0{,}4\ A + 0{,}6\ A = \mathbf{1\ A}$

Aufgaben

1. Drei Widerstände je a) 18 Ω, b) 1,26 kΩ, c) 756 Ω sind parallelgeschaltet. Wie groß ist der Gesamtwiderstand?
2. Die Widerstände
   a) 325 Ω und 184 Ω,
   b) 763 kΩ und 2,8 MΩ,
   c) 0,46 Ω und 0,3 Ω
   sind parallelgeschaltet. Wie groß ist der Gesamtwiderstand?
3. Drei Widerstände
   a) R_1 = 125 Ω, R_2 = 400 Ω und R_3 = 80 Ω
   b) R_1 = 0,94 Ω, R_2 = 1,2 Ω und R_3 = 0,8 Ω
   c) R_1 = 6,5 kΩ, R_2 = 5 kΩ und R_3 = 2,4 kΩ
   sind parallelgeschaltet. Wie groß ist der Gesamtwiderstand?
4. Dem Widerstand
   a) 12,5 Ω, b) 3,6 kΩ, c) 875 Ω
   soll ein zweiter Widerstand parallelgeschaltet werden, um den Gesamtwiderstand
   a) 4 Ω, b) 1 kΩ, c) 500 Ω
   zu erreichen. Wie groß muß der Zusatzwiderstand bemessen sein?
5. Zu den zwei parallelen Widerständen
   a) 87,4 Ω und 52 Ω
   b) 0,75 kΩ und 0,8 kΩ,
   c) 43 Ω und 100 Ω
   soll ein dritter hinzugeschaltet werden, damit der Gesamtwiderstand
   a) 10 Ω, b) 200 Ω, c) 5 Ω
   erreicht wird. Welchen Wert muß der dritte Widerstand haben?
6. Ein Strommesser mit dem Meßbereichsendwert 30 mA braucht zum vollen Zeigerausschlag 0,2 V. Wieviel Ohm muß ein Parallelwiderstand haben, damit der Meßbereich auf a) 60 mA, b) 100 mA, c) 150 mA erweitert wird?
7. Die zwei Heizwiderstände eines Ofens mit
   a) 100 Ω und 25 Ω,
   b) 70 Ω und 105 Ω,
   c) 15 Ω und 10 Ω
   sind parallelgeschaltet. In der Zuleitung wird die Stromstärke 6 A gemessen. Wie groß sind der Gesamtwiderstand, die angelegte Spannung und die Teilstromstärken?
8. In der Parallelschaltung zweier Widerstände (**4**.12) ist die Stromstärke I_1 = a) 2,5 A, b) 2 A, c) 10 A. Wie groß sind der Widerstandswert R_1 und die Gesamtstromstärke I?

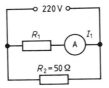
4.12

9. Zu einer Kupferleitung mit der Länge 60 m und dem Durchmesser 1,38 mm soll eine zweite Kupferleitung parallelgeschaltet werden, damit der Gesamtwiderstand a) 0,268 Ω, b) 0,195 Ω, c) 0,143 Ω wird. Wie groß muß der Durchmesser der zweiten Leitung sein?
10. In der Parallelschaltung zweier Widerstände nach Bild **4**.13 beträgt die Stromstärke I nach Schließen des Schalters a) 2 A, b) 3,5 A, c) 1,7 A. Wie groß sind die Stromstärke I_1 und der Widerstandswert R_1?

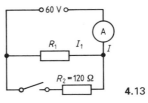
4.13

11. Wie groß sind in der Schaltung nach Bild **4**.14 die Stromstärken I_1, I_2 und I, wenn der Teilwiderstand R_1 = a) 50 Ω, b) 88 Ω, c) 110 Ω beträgt?

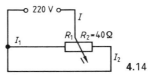
4.14

12. In einem Elektrowärmegerät befinden sich zwei gleiche Heizwiderstände, die in der Parallelschaltung an

220 V die Gesamtstromstärke a) 8 A, b) 1 A, c) 2,4 A aufnehmen. Wie groß ist die Stromaufnahme, wenn beide Heizwiderstände in Reihe geschaltet sind?

13. In der Schaltung nach Bild **4.**15 fließt bei offenem Schalter die Gesamtstromstärke
a) 1 A, b) 2,5 A, c) 1,5 A;
bei geschlossenem Schalter
a) 1,2 A, b) 3 A, c) 2,3 A.
Wie groß ist der Widerstandswert R_1?

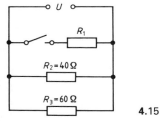

4.15

14. Zu einer Aluminiumleitung mit dem Querschnitt a) 10 mm², b) 16 mm², c) 10 mm² wird eine Kupferleitung mit a) 10 mm², b) 25 mm², c) 6 mm² Querschnitt parallelgeschaltet. Die durch beide Leitungen fließende Gesamtstromstärke beträgt 100 A. Wie groß ist die Stromstärke in jeder Leitung?

15. Zwei Heizwiderstände einer Kochplatte lassen sich wie folgt schalten: Schaltstufe I: Beide Widerstände in Reihe an 220 V; Schaltstufe II: Nur ein Widerstand an 220 V geschaltet; Schaltstufe III: Beide Widerstände in Parallelschaltung an 220 V. Die Stromaufnahmen betragen in

Schaltstufe I	II	III
a) 2 A	4,4 A	8,07 A
b) 1 A	2,75 A	4,32 A
c) 4 A	8 A	16 A

Wie groß sind die Werte der beiden Heizwiderstände, und welcher der beiden Widerstände ist in Schaltstufe II eingeschaltet?

4.3 Zusammengesetzte Schaltungen

Beispiel 4.7 Wie groß ist die Stromstärke I in der Schaltung **4.**16?

Lösung Die Reihenschaltung von R_4, R_5 und R_6 hat insgesamt den Wert
$R_{4,5,6} = R_4 + R_5 + R_6$
$= 10\,\Omega + 10\,\Omega + 10\,\Omega = 30\,\Omega$.
Der Widerstand $R_{4,5,6}$ liegt zu dem Widerstand R_3 parallel. Die zugehörigen Leitwerte können zusammengezählt werden; also ist der Leitwert der Parallelschaltung

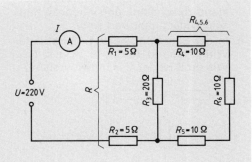

4.16

$$\frac{1}{R_{3,4,5,6}} = \frac{1}{R_{4,5,6}} + \frac{1}{R_3} = \frac{1}{30\,\Omega} + \frac{1}{20\,\Omega} = \frac{5}{60}\,S \qquad R_{3,4,5,6} = \frac{60}{5}\,\Omega = 12\,\Omega.$$

Nun ist der Gesamtwiderstand die Reihenschaltung von $R_{3,4,5,6}$, R_1 und R_2
$R = R_1 + R_2 + R_{3,4,5,6} = 5\,\Omega + 5\,\Omega + 12\,\Omega = 22\,\Omega$.
Damit ist die Stromstärke $I = \dfrac{U}{R} = \dfrac{220\,\text{V}}{22\,\Omega} = $ **10 A**.

Aufgaben

1. Die Widerstände der in den Bildern **4.17** und **4.18** dargestellten Schaltungen haben folgende Werte:
   a) $R_1 = 100\,\Omega$, $R_2 = 100\,\Omega$, $R_3 = 100\,\Omega$,
   b) $R_1 = 25\,\Omega$, $R_2 = 20\,\Omega$, $R_3 = 30\,\Omega$,
   c) $R_1 = 18{,}4\,\Omega$, $R_2 = 7{,}8\,\Omega$, $R_3 = 24{,}3\,\Omega$.

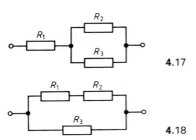

4.17

4.18

   Wie groß ist der Gesamtwiderstand?

2. Zu dem Widerstand 120 Ω soll eine Gruppe von a) 4, b) 3, c) 5 gleichen, parallelen Widerständen in Reihe geschaltet werden, so daß man den Gesamtwiderstand 200 Ω erhält. Welchen Wert muß jeder der Parallelwiderstände haben?

3. Zu a) 3, b) 4, c) 5 in Reihe geschalteten Widerständen von je 80 Ω soll ein weiterer Widerstand geschaltet werden, um den Gesamtwiderstand 80 Ω zu erhalten. Wie ist der Zusatzwiderstand zu schalten, und wie groß muß sein Widerstandswert sein?

4. In der Schaltung nach **4.19** hat jeder Widerstand a) 100 Ω, b) 25 Ω, c) 6 Ω. Wie groß ist der Gesamtwiderstand?

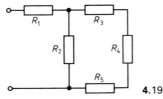

4.19

5. Zwei Parallelwiderstände je
   a) 24 Ω, b) 64 Ω, c) 1,8 kΩ
   und drei Parallelwiderstände je
   a) 18 Ω, b) 72 Ω, c) 0,6 kΩ
   liegen in Reihenschaltung an 220 V. Wie groß sind der Gesamtwiderstand der Schaltung und die Stromstärke in der Zuleitung?

6. In der in Bild **4.20** dargestellten Schaltung beträgt der Wert des Widerstands R_2 a) 100 Ω, b) 150 Ω, c) 300 Ω. Wie groß sind der Gesamtwiderstand der Schaltung, die Gesamtstromstärke und die Stromstärke in den einzelnen Widerständen?

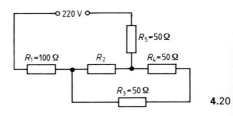

4.20

7. Der Strommesser in der Schaltung nach Bild **4.21** zeigt a) 0,6 A, b) 0,35 A, c) 0,5 A. Wie groß ist der Widerstandswert R_3?

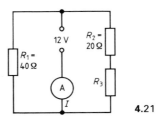

4.21

8. In der Schaltung nach Bild **4.22** ist der Schleifer am Widerstand R_3 von Stellung I nach Stellung II zu verstellen (Endwerte am Widerstand). Dabei ändert sich die Stromstärke von
   a) 5,5 A auf 3 A,
   b) 4,4 A auf 2 A,
   c) 2,75 A auf 1,5 A.
   Welchen Wert haben die Widerstände R_1 und R_3?

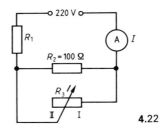

4.22

9. Bei der in Bild **4.23** dargestellten Schaltung zeigt der Strommesser folgende Werte an:

	Schalter geschlosssen	Schalter offen
a)	1,2 A	0,8 A
b)	1,0 A	0,6 A
c)	0,6 A	0,5 A

Welchen Wert haben die Widerstände R_1 und R_3?

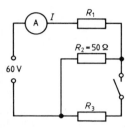

4.23

10. In der Schaltung **4.24** zeigt der Spannungsmesser a) 24 V, b) 18 V, c) 36 V. Welchen Wert haben die Widerstände R_1 und R_2?

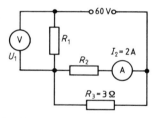

4.24

11. Vier Widerstände je a) 100 Ω, b) 80 Ω, c) 440 Ω sind wie in Bild **4.25** geschaltet. Wie groß ist die Stromstärke in der Zuleitung? Auf welchen Wert ändert sich die Stromaufnahme, wenn die Verbindungsleitung A entfernt wird und wenn beide Verbindungsleitungen A und B entfernt werden?

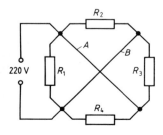

4.25

12. In der Schaltung **4.26** zeigt der Spannungsmesser U_3 a) 100 V, b) 84 V, c) 56 V an. Welche Werte haben die Widerstände R_1, R_3 und R_4?

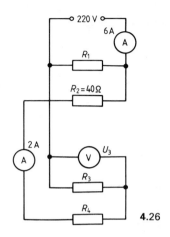

4.26

13. Der Spannungsmesser in der Schaltung **4.27** zeigt a) 100 V, b) 60 V, c) 48 V an. Welche Werte haben die Widerstände R_2, R_3, R_4 und R_5?

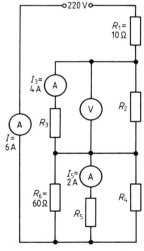

4.27

4.4 Vorwiderstand und Spannungsteiler

Werden zwei oder mehrere Widerstände in Reihe geschaltet, kann an den Widerständen eine Teilspannung abgenommen werden. Man bezeichnet solche Schaltungen als Spannungsteiler (**4.28**).

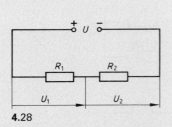
4.28

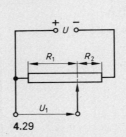
4.29

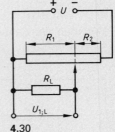
4.30

Ein Spannungsteiler (Potentiometer) mit verstellbarem Schleifkontakt gestattet, die abgegriffene Spannung von der vollen Spannung bis zum Wert Null zu verändern. Wird an die Ausgangsklemmen kein Verbraucher angeschlossen, spricht man von einem unbelasteten Spannungsteiler (**4.29**). Bei angeschlossenem Verbraucher (R_L) handelt es sich um einen belasteten Spannungsteiler (**4.30**).

Beispiel 4.8 Wie groß ist die Spannung $U_{1;L}$ am Lastwiderstand $R_L = 4$ kΩ in der Spannungsteilerschaltung **4.31**?

Lösung Beide Widerstände $R_1 = 6$ kΩ und $R_L = 4$ kΩ sind parallelgeschaltet. Ihr Gesamtwiderstand $R_{1;L}$ ist

$$\frac{1}{R_{1;L}} = \frac{1}{R_1} + \frac{1}{R_L} = \frac{1}{6 \text{ k}\Omega} + \frac{1}{4 \text{ k}\Omega} = \frac{10 \text{ k}\Omega}{24 \text{ (k}\Omega)^2}$$

$R_{1;L} = 2{,}4$ kΩ.

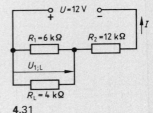
4.31

Damit ist der Gesamtwiderstand R der Schaltung
$R = R_{1;L} + R_2 = 2{,}4$ kΩ = 14,4 kΩ.
Die Gesamtstromstärke I ist nach dem Ohmschen Gesetz

$$I = \frac{U}{R} = \frac{12 \text{ V}}{14{,}4 \text{ k}\Omega} = 0{,}833 \text{ mA}.$$

Diese Stromstärke verursacht an den parallelgeschalteten Widerständen R_1 und R_L den gesuchten Spannungsabfall
$U_{1;L} = I \cdot R_{1;L} = 0{,}833$ mA $\cdot$ 2,4 kΩ = **2 V**.

Aufgaben

1. Ein Widerstand hat die bewickelte Länge a) 24 cm, b) 36 cm, c) 60 cm und liegt an 120 V. An welchen Stellen müssen Abgriffe für 24 V, 42 V, 56 V und 80 V vorgesehen werden? Fertigen Sie eine Zeichnung an!

2. Vier Widerstände mit 1 kΩ, 2 kΩ, 3 kΩ und 4 kΩ sind in Reihe geschaltet und liegen an a) 60 V, b) 80 V, c) 125 V. Wieviel und welche Spannungen lassen sich zwischen jeweils zwei Verbindungsstellen abnehmen? Fertigen Sie eine Zeichnung an!

3. Zwei Widerstände
   a) $R_1 = 150\ \text{k}\Omega$ und $R_2 = 33\ \text{k}\Omega$,
   b) $R_1 = 150\ \text{k}\Omega$ und $R_2 = 47\ \text{k}\Omega$,
   c) $R_1 = 150\ \text{k}\Omega$ und $R_2 = 52\ \text{k}\Omega$
   sind entsprechend Bild **4.32** geschaltet. Wie groß sind die Spannungen U_1 und U_2 ohne Belastung? Wie groß

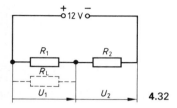

4.32

wird die Spannung U_1, wenn dem Widerstand R_1 ein Belastungswiderstand 150 kΩ parallelgeschaltet wird?

4. Am Lastwiderstand 50 kΩ soll entsprechend Bild **4.33** die Spannung $U_2 =$
   a) 1,5 V, b) 2,5 V, c) 3,5 V betragen. Welchen Wert muß der Widerstand R_x haben?

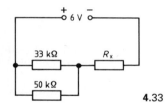

4.33

5. Ein Spannungsteiler mit dem Gesamtwiderstand 100 Ω liegt an 220 V. Mit dem Schleifer können 10 gleiche Spannungsteilerabschnitte abgegriffen werden. Wie groß ist die Ausgangsspannung bei den einzelnen Schleiferstellungen
   a) im Leerlauf,
   b) bei Belastung mit 100 Ω,
   c) bei Belastung mit 10 Ω?
   Die Ausgangsspannung ist in Abhängigkeit von der Schleiferstellung in Wertetabellen zusammenzustellen und in drei Kennlinien aufzutragen. Gesamtlänge für den waagerechten Maßstab der Schleiferstellung 100 mm; senkrechter Maßstab für die Ausgangsspannung 2 V/mm.

6. Die Widerstände
   a) $R_1 = 10\ \text{k}\Omega$ und $R_2 = 5{,}6\ \text{k}\Omega$,
   b) $R_1 = 10\ \text{k}\Omega$ und $R_2 = 4{,}7\ \text{k}\Omega$,
   c) $R_1 = 10\ \text{k}\Omega$ und $R_2 = 8{,}3\ \text{k}\Omega$
   sind entsprechend Bild **4.34** geschaltet. Welchen Wert muß der Lastwiderstand R_x haben, damit er die Spannung 6 V erhält?

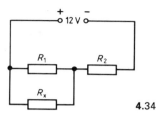

4.34

7. Ein Spanungsteiler aus den beiden Widerständen $R_1 = 0{,}5\ \text{M}\Omega$ und $R_2 = 1\ \text{M}\Omega$ liegt an der Spannung 15 V. Die Teilspannung an R_2 wird mit einem Spannungsmesser gemessen, dessen Innenwiderstand a) 15 kΩ, b) 1,2 MΩ, c) 10 MΩ beträgt.
   Welche Spannung zeigt der Spannungsmesser, und welche Teilspannung liegt an R_2 ohne angeschalteten Spannungsmesser?
   Was ist bei der Spannungsmessung an hochohmigen Spannungsteilern zu beachten?

8. Der Abstand der Einstellungspunkte am Potentiometer a) mit 25 kΩ, b) mit 50 kΩ, c) mit 80 kΩ beträgt entsprechend Bild **4.35** jeweils ein Viertel des

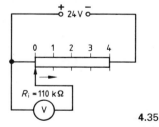

4.35

   Gesamtwiderstands. Berechnen Sie die vom Spannungsmesser angezeigte Spannung für die vier Meßpunkte und zeichnen Sie die Kennlinie.

9. Wie ändert sich der Kennlinienverlauf des Potentiometers in Aufgabe 8,

wenn parallel zum Spannungsmesser noch ein Lastwiderstand mit a) 16 kΩ, b) 8 kΩ, c) 10 kΩ geschaltet wird? Zeichnen Sie die Belastungskennlinien!

10. Der Lastwiderstand in der Schaltung Bild **4.36** hat die Nenndaten
   a) 50 Ω und 100 mA,
   b) 50 Ω und 50 mA,
   c) 50 Ω und 30 mA.

   Der Querstrom I_q soll das 10fache des Laststroms betragen. Berechnen Sie die Widerstandswerte R_1 und R_2.

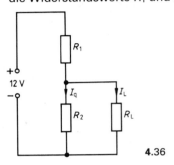

4.36

11. In der Schaltung nach Bild **4.37** (gestaffelter Spannungsteiler) soll die Spannung U_2 berechnet werden. Die Speisepannung U_1 beträgt a) 10 V, b) 8 V, c) 3 V.

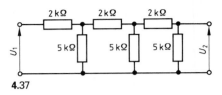

4.37

12. Die Spannung am Widerstand R_x nach Bild **4.38** beträgt a) 4 V, b) 10 V, c) 8 V. Berechnen Sie den Wert des Widerstands R_x.

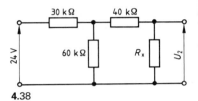

4.38

4.5 Brückenschaltung

Schalten wir zwei Spannungsteiler aus je zwei Widerständen parallel (**4.39**) und verbinden die Klemmen A und B über ein Meßgerät oder ein anderes Bauteil miteinander, erhalten wir eine Brückenschaltung.

Eine solche Brückenschaltung ist abgeglichen, wenn im Brückenzweig zwischen A und B kein Strom fließt. Dies ist der Fall, wenn sich die Widerstände wie folgt verhalten:

$$\frac{R_1}{R_2} = \frac{R_3}{R_4}$$

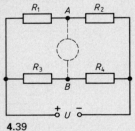
4.39

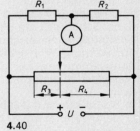
4.40

Der Brückenabgleich kann durchgeführt werden, indem wir entsprechend **4.40** z. B. die Widerstände R_3 und R_4 als Spannungsteiler mit veränderbarem Abgriff schalten.

Die abgeglichene Brückenschaltung (Wheatstone-Brücke) gestattet das Bestimmen unbekannter Widerstände.

Bei einer nicht abgeglichenen Brückenschaltung ist der Brückenstrom ein Maß für die „Verstimmung" der Brücke. Die nicht abgeglichene Brückenschaltung kommt in der elektrischen Meßtechnik häufig vor.

Beispiel 4.9 Wie groß ist in der Schaltung 4.41 die Spannung zwischen den Punkten A und B, wenn ein hochohmiger Spannungsmesser eingeschaltet ist?
Welchen Wert hat der Widerstand R_1, der an Stelle des Widerstands 8 kΩ eingesetzt werden muß, um die Brückenschaltung abzugleichen?

Lösung Bei Verwendung eines hochohmigen Spannungsmessers ist der Strom durch den Brückenzweig vernachlässigbar klein. Daher kann die Brückenschaltung aufgefaßt werden wie zwei parallelgeschaltete Spannungsteiler.
Im oberen Brückenzweig fließt die Stromstärke

$$I_{1;2} = \frac{U}{R_1 + R_2} = \frac{10\,\text{V}}{8\,\text{k}\Omega + 4\,\text{k}\Omega} = 0{,}833\,\text{mA}$$

Im unteren Brückenzweig beträgt die Stromstärke

$$I_{3;4} = \frac{U}{R_3 + R_4} = \frac{10\,\text{V}}{2\,\text{k}\Omega + 3\,\text{k}\Omega} = 2\,\text{mA}.$$

Der Spannungsfall am Widerstand R_1 ist
$$U_1 = I_{1;2} \cdot R_1 = 0{,}833\,\text{mA} \cdot 8\,\text{k}\Omega = 6{,}67\,\text{V}$$
und am Widerstand R_3
$$U_3 = I_{3;4} \cdot R_3 = 2\,\text{mA} \cdot 2\,\text{k}\Omega = 4\,\text{V}.$$

4.41

Zwischen den Punkten A und B besteht demnach die Differenzspannung
$$U_{AB} = U_1 - U_3 = 6{,}67\,\text{V} - 4\,\text{V} = \mathbf{2{,}67\,V}.$$

Die Brückenschaltung ist abgeglichen, wenn sich die Widerstände so verhalten:

$$\frac{R_x}{R_3} = \frac{R_2}{R_4} \qquad R_x \text{ steht für den unbekannten Widerstand}$$

Damit wird $R_x = \dfrac{R_2 \cdot R_3}{R_4} = \dfrac{4\,\text{k}\Omega \cdot 2\,\text{k}\Omega}{3\,\text{k}\Omega} = \mathbf{2{,}67\,k\Omega}.$

Aufgaben

1. In der Brückenschaltung 4.42 soll der Wert des Widerstands R_x bestimmt werden, bei dem der Brückenstrom Null wird. Die Widerstände R_3 und R_4 haben folgende Werte:
   a) $R_3 = 6\,\Omega$, $R_4 = 4\,\Omega$;
   b) $R_3 = 9\,\Omega$, $R_4 = 8\,\Omega$;
   c) $R_3 = 12\,\Omega$, $R_4 = 15\,\Omega$.

2. In der abgeglichenen Brückenschaltung 4.43 sind die Widerstände R_3 und R_4 durch einen Schleifdraht mit konstantem Durchmesser ersetzt. Das Widerstandsverhältnis $R_3:R_4$ wird in diesem Fall das Längenverhältnis $l_1:l_2$. Der Widerstand R_2 hat den Wert a) 24 Ω, b) 45 Ω, c) 75 Ω. Welchen Wert hat der Widerstand R_x?

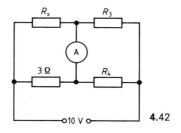

4.42

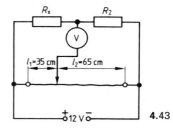

4.43

3. Wie groß ist die Gesamtstromstärke in der Schaltung **4.44**, wenn die Speisespannung a) 10 V, b) 6 V, c) 8 V beträgt? Wie groß ist der Spannungsfall zwischen den Punkten A und B am Widerstand 10 kΩ?

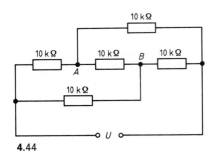

4.44

4. Die Brückenschaltung nach Bild **4.45** ist nicht abgeglichen. Schaltet man zur Messung der Brückenspannung einen hochohmigen Spannungsmesser in die „Brückendiagonale", kann die Brückenschaltung betrachtet werden wie zwei parallelgeschaltete Spannungsteiler.

   a) Wie groß ist die Brückenspannung?

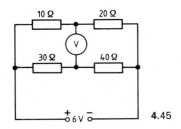

4.45

   b) Wie groß wird diese Spannung sein, wenn der Widerstand 40 Ω durch einen mit 100 Ω ersetzt wird?

5. Vier Widerstände
   a) $R_1 = 40\ \Omega$, $R_2 = 60\ \Omega$, $R_3 = 80\ \Omega$, $R_4 = 120\ \Omega$
   b) $R_1 = 2\ \Omega$, $R_2 = 4\ \Omega$, $R_3 = 5\ \Omega$, $R_4 = 5\ \Omega$
   c) $R_1 = 12\ \Omega$, $R_2 = 48\ \Omega$, $R_3 = 36\ \Omega$, $R_4 = 12\ \Omega$

sind entsprechend Bild **4.46** geschaltet.

Wie groß sind die Stromstärken und die Teilspannungen?

Wie groß ist die Spannung zwischen den Punkten A und B bei Verwendung eines hochohmigen Spannungsmessers?

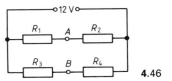

4.46

Durch Verbinden der Punkte A und B wird die Schaltung zu einer Brückenschaltung. Wie groß sind die Stromstärken in den Widerständen und die Teilspannungen, wenn die Punkte A und B durch eine Kurzschlußbrücke miteinander verbunden werden?

Wie groß ist in diesem Fall die Stromstärke im Brückenzweig?

6. In der Brückenschaltung **4.47** ist der Widerstand R_1 unbekannt. Die übrigen Widerstände haben folgende Werte:
   a) $R_2 = 30\ \Omega$, $R_3 = 36\ \Omega$, $R_4 = 144\ \Omega$;
   b) $R_2 = 54\ \Omega$, $R_3 = 78\ \Omega$, $R_4 = 26\ \Omega$;
   c) $R_2 = 9{,}8\ \Omega$, $R_3 = 1{,}8\ \Omega$, $R_4 = 450\ \Omega$.

Berechnen Sie den Widerstand R_1 für den Fall des Brückenabgleichs.

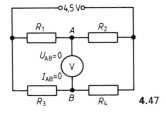

4.47

5 Leistung, Arbeit, Energie, Wirkungsgrad

5.1 Elektrische Leistung

Die elektrische Leistung P wird durch das Produkt aus Spannung U und Stromstärke I bestimmt.

$$P = U \cdot I$$

P in W (Watt)
U in V
I in A

Wird in diese Formel statt der Spannung U nach dem Ohmschen Gesetz das Produkt $I \cdot R$ eingesetzt, erhält man:

$$P = I^2 \cdot R$$

P in W
I in A
R in Ω

Setzt man dagegen anstelle der Stromstärke I nach dem Ohmschen Gesetz den Bruch $\dfrac{U}{R}$ ein, bekommt man:

$$P = \frac{U^2}{R}$$

P in W
U in V
R in Ω

Beispiel 5.1 Welche Stromstärke fließt im Glühfaden einer Glühlampe mit der Aufschrift 220 V/60 W?

Lösung Aus $P = U \cdot I$ erhalten wir nach Teilen durch U auf beiden Seiten der Formel

$$I = \frac{P}{U} = \frac{60\ \text{W}}{220\ \text{V}} = \mathbf{0{,}27\ A.}$$

Beispiel 5.2 Für welche Spannung ist ein Widerstand für 4,5 kW 11,8 A gebaut?

Lösung Aus der Formel $P = U \cdot I$ ergibt sich nach Teilen durch I auf beiden Seiten

$$U = \frac{P}{I} = \frac{4500\ \text{W}}{11{,}8\ \text{A}} = \mathbf{380\ V.}$$

Aufgaben

1. In der Zuleitung eines an 220 V angeschlossenen Tauchsieders fließt die Stromstärke a) 1,36 A, b) 1,59 A, c) 1,82 A. Wie groß ist die Leistungsaufnahme?

2. Ein Kupferdraht von 200 m Länge hat a) 1,5 mm², b) 2,5 mm², c) 4 mm² Querschnitt. Er wird von 10 A durchflossen. Wie groß ist die im Kupferdraht in Wärme umgesetzte Leistung?

3. Auf dem Sockel einer Radioskalenlampe steht a) 4 V/0,3 A, b) 7 V/0,3 A, c) 12 V/0,15 A. Wie groß ist die für die Beleuchtung aufgewendete Leistung, wenn zwei solcher Lämpchen vorhanden sind?

4. Wie groß ist die Stromstärke in der Zuleitung zu einem Bügeleisen mit der Leistung a) 1000 W, b) 800 W, c) 1,2 kW, das an 220 V angeschlossen ist?

5. Die Wicklung des Gleichstromrelais 5.1 hat den Widerstand 1250 Ω. Sie wird von a) 4 mA, b) 6 mA, c) 5,5 mA durchflossen. Wie groß ist die vom Relais aufgenommene Leistung?

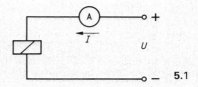

5.1

6. Wie groß ist der Heizwiderstand eines Waffeleisens? Die Angaben auf dem Leistungsschild lauten:
   a) 220 V 1200 W,
   b) 220 V 800 W,
   c) 110 V 800 W.
7. An welche höchste Spannung darf ein Widerstand mit der Aufschrift
   a) 10 kΩ 2 W,
   b) 50 Ω 25 W,
   c) 1,2 kΩ 0,5 W
   angeschlossen werden?
8. Auf dem Leistungsschild eines Stellwiderstands steht die Angabe
   a) 69 Ω 4 A,
   b) 1 kΩ 2,4 A,
   c) 330 Ω 1,3 A.
   Wie groß ist die Leistungsaufnahme bei Anschluß des Widerstands an 220 V?
9. Eine Spule für 12 V hat den Widerstand a) 600 Ω, b) 400 Ω, c) 1200 Ω. Wie groß muß der Widerstand einer Spule mit derselben Leistungsaufnahme für 24 V sein?
10. Ein Schichtwiderstand hat die Nenndaten
    a) 125 Ω 2 W,
    b) 4,7 kΩ 0,25 W,
    c) 1 MΩ 1 W.
    Wie groß darf die Stromstärke im Höchstfall sein? Bei welcher Spannung wird diese Stromstärke erreicht?
11. Ein Bügeleisen für 220 Volt hat die Nennleistung a) 500 W, b) 800 W, c) 1000 W. Wie groß ist die Leistungsaufnahme, wenn die Netzspannung 216 V beträgt?
12. Ein Heizwiderstand mit dem spezifischen Widerstand 1,1 Ω · mm²/m und dem Querschnitt 0,126 mm² soll an 220 V die Leistung a) 400 W, b) 700 W, c) 150 W aufnehmen. Berechnen Sie die erforderliche Drahtlänge, die Stromaufnahme und die Stromdichte im Widerstandsdraht.
13. Die Erregerspule eines Gleichstrommagneten aus Kupferdraht mit dem Durchmesser a) 0,9 mm, b) 0,8 mm, c) 1,2 mm soll 1200 Windungen bei der mittleren Windungslänge 24 cm erhalten. Wie groß ist die Leistungsaufnahme bei Anschluß an 24 V?
14. Ein Spannungserzeuger hat folgende Quellenspannung und Klemmenspannung:
    a) U_q = 4,5 V und U = 4,05 V,
    b) U_q = 2 V und U = 1,85 V,
    c) U_q = 6 V und U = 5,5 V.
    Wie groß ist der durch den inneren Widerstand 0,5 Ω hervorgerufene Leistungsverlust?
15. Zwei Spannungserzeuger mit je 1,2 V Leerlaufspannung und 0,02 Ω innerem Widerstand sind parallelgeschaltet (5.2). Wie groß sind die Stromstärke und die Leistung bei Belastung durch einen Verbraucherwiderstand R_a = 3,99 Ω?

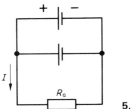

5.2

16. In einer Versuchsschaltung wird der Widerstand a) 10 Ω, b) 20 Ω, c) 8 Ω nacheinander an 1 V, 2 V, 4 V, 8 V und 10 V angeschlossen. Wie groß ist die vom Widerstand in jedem Fall aufgenommene Leistung?
    Die Leistung ist in Abhängigkeit von der anliegenden Spannung grafisch darzustellen. Waagerechter Spannungsmaßstab 1 V/cm; senkrechter Leistungsmaßstab 1 W/cm. Dem Diagramm sollen die Leistungswerte für 2,5 V; 5 V und 10 V entnommen werden. Das Verhältnis dieser Leistungswerte zueinander ist mit dem Verhältnis der zugehörigen Spannungen zu vergleichen.
17. Ein Lötkolben mit den Nenndaten
    a) 110 V 80 Ω,
    b) 110 V 60 Ω,
    c) 110 V 100 Ω,
    soll an das 220-V-Netz angeschlossen werden (5.3). Welchen Wert muß der Vorwiderstand haben? Wieviel Meter

Kupfernickeldraht mit 0,4 mm Durchmesser sind erforderlich? Wie groß ist die Stromdichte im Widerstandsdraht?

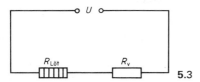

5.3

18. Eine für 125 V bestimmte Glühlampe mit der Leistung a) 40 W, b) 60 W, c) 100 W soll nach Bild **5.4** an 220 V betrieben werden. Welchen Wert muß der Vorwiderstand R_v haben und welche Leistung nimmt er auf?

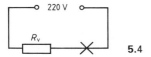

5.4

19. Ein Gleichstromgenerator für 440 V soll mit seiner Nennleistung a) 7,5 kW, b) 5,4 kW, c) 15 kW belastet werden. Zur Verfügung stehen Widerstände mit der Leistungsschildangabe 250 Ω 2 A. Wieviel Widerstände sind erforderlich? Wie sind sie zu schalten?

20. Ein Lötkolben für 110 V hat die Nennleistung a) 180 W, b) 20 W, c) 300 W. Der Kolben soll über einen Vorwiderstand an das 220-V-Netz angeschlossen werden. Zum Herstellen des Vorwiderstands steht Kupfernickeldraht mit 1,8 Ω/m zur Verfügung. Welchen Wert muß der Vorwiderstand haben, und wieviel Meter Draht sind erforderlich?

21. An ein 220-V-Netz werden zwei Glühlampen für je 110 V, in Reihe geschaltet, angeschlossen (**5.5**). Lampe 1 hat die Nennleistung 40 W. Die Nennleistung der Lampe 2 beträgt a) 100 W, b) 60 W, c) 40 W. Wie groß ist die Stromstärke, und wie verteilt sich die Spannung auf beide Lampen? Die Widerstandsänderung durch die Temperaturänderung der Lampenwendel wird nicht berücksichtigt.

22. Für einen Schmelzofen soll ein Heizkörper hergestellt werden, der am 220-V-Netz die Leistung a) 3 kW, b) 2 kW, c) 2,5 kW aufnimmt. Wie lang muß der Heizleiterdraht mit dem spezifischen Widerstand 1 Ω · mm²/m und dem Durchmesser 1,2 mm sein, und wie groß ist die Stromdichte im Widerstandsdraht?

23. Ein Elektrowärmegerät für 220 V hat die Nennleistung a) 1 kW, b) 800 W, c) 2 kW. Es wird nacheinander an 50 V 100 V 150 V 200 V und 220 V angeschlossen. Wie groß sind die jeweils aufgenommene Stromstärke und die Leistung, wenn die Widerstandsänderung durch die Temperaturänderung unberücksichtigt bleibt?
Die Leistung ist in Abhängigkeit von der Stromstärke grafisch darzustellen. Strommaßstab 1 A/cm; Leistungsmaßstab 100 W/cm.

24. Ein elektrischer Heizofen enthält zwei Heizwiderstände:
a) $R_1 = 30\ \Omega$ und $R_2 = 80\ \Omega$,
b) $R_1 = 40\ \Omega$ und $R_2 = 70\ \Omega$,
c) $R_1 = 50\ \Omega$ und $R_2 = 60\ \Omega$.
Wie groß sind die Leistungsaufnahmen der Widerstände, wenn diese wahlweise einzeln, parallel oder in Reihe an 220 V geschaltet werden?

25. Die vier Erregerspulen eines Gleichstrom-Nebenschlußmotors liegen wie in Bild **5.6** dargestellt in Reihenschaltung an 440 V. Mit einer Meßbrücke werden für die einzelnen Spulen folgende Widerstände gemessen:

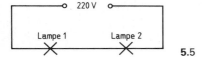

5.5

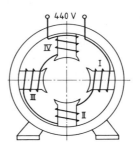

5.6

a) Spule I: 220 Ω   Spule II: 208 Ω
   Spule III: 194 Ω Spule IV: 204 Ω
b) Spule I: 209 Ω   Spule II: 205 Ω
   Spule III: 202 Ω Spule IV: 204 Ω
c) Spule I: 192 Ω   Spule II: 206 Ω
   Spule III: 200 Ω Spule IV: 198 Ω

Berechnen Sie die Spannungen an den einzelnen Spulen und die Erregerleistung des Motors.

26. In der Zuleitung zu zwei parallel geschalteten Widerständen
    a) $R_1 = 24\,\Omega$ und $R_2 = 6\,\Omega$
    b) $R_1 = 12\,\Omega$ und $R_2 = 8\,\Omega$
    c) $R_1 = 18\,\Omega$ und $R_2 = 9\,\Omega$
    fließen 45 A (**5.7**). Wie groß ist die Leistungsaufnahme beider Widerstände?

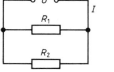

5.7

27. Zum Auftauen einer 4,3 m langen 1-Zoll-Wasserleitung ($\rho = 0{,}14\,\Omega \cdot \text{mm}^2/\text{m}$) mit Nennweite 25 mm und Wanddicke 3,25 mm wird ein Auftautransformator benutzt, der
    a) 3,2 V, b) 4,1 V, c) 3,8 V
    liefert. Wie groß ist die zum Auftauen nötige Leistung, wenn an jeder Anschlußstelle der Übergangswiderstand 0,002 Ω auftritt?

28. Ein Heizofen für 220 V mit der Nennleistung a) 1000 W, b) 450 W, c) 1500 W ist zu reparieren. Dabei wird die Heizwendel auf 9/10 der ursprünglichen Länge gekürzt. Wie groß ist die Änderung der Heizleistung?

29. Um wieviel Prozent ändert sich die Leistungsaufnahme eines elektrischen Heizgeräts für die Nennspannung 220 V, wenn die Netzspannung
    a) um 15 % sinkt,
    b) auf 225 V steigt,
    c) um 10 % steigt?

30. Ein Heizgerät für 220 V hat die Nennleistung a) 2 kW, b) 1,8 kW, c) 2,5 kW. Es soll über einen Vorwiderstand an das Netz angeschlossen werden, der die Leistung des Heizgeräts auf 1,4 kW vermindert. Welchen Wert muß der Vorwiderstand haben?

5.2 Elektrische Arbeit

Wird eine Leistung während einer bestimmten Zeit abgegeben oder in Anspruch genommen, wird Arbeit verrichtet.

Die Arbeit W ist das Produkt aus Leistung P und Zeit t.

$$\boxed{W = P \cdot t}$$

W in Ws = J (Joule) oder in kWh
P in W oder in kW
t in s oder in h

Beispiel 5.3 Ein Bügeleisen für $U = 220$ V hat die Nennleistung $P = 500$ W. Wie groß ist die dem Netz entnommene elektrische Arbeit W in Kilowattstunden bei einer Bügelzeit von $t = 4$ h?

Lösung $W = P \cdot t = 0{,}5\,\text{kW} \cdot 4\,\text{h} = \mathbf{2\,kWh}$

Beispiel 5.4 Beim Betrieb eines Verbrauchers verändert sich der Zählerstand in der Zeit $t = 6$ h von $W_1 = 13\,680$ kWh auf $W_2 = 13\,698$ kWh. Wie groß war die mittlere Leistungsaufnahme P des Verbrauchers?

Lösung Beanspruchte Arbeit während der Betriebsdauer
$W = W_2 - W_1 = 13\,698\,\text{kWh} - 13\,680\,\text{kWh} = 18\,\text{kWh}$
Aus $W = P \cdot t$ erhält man nach Teilen durch t die Leistung
$$P = \frac{W}{t} = \frac{18\,\text{kWh}}{6\,\text{h}} = \mathbf{3\,kW}.$$

Aufgaben

1. Eine a) 40-W-Glühlampe, b) 15-W-Glühlampe, c) 100-W-Glühlampe bleibt drei Stunden eingeschaltet. Wie groß ist die dem Netz entnommene elektrische Arbeit?
2. Wieviel Kilowattstunden entnimmt ein Rundfunkgerät mit der Nennleistung a) 75 W, b) 65 W, c) 130 W dem Netz, wenn es 4 1/2 Stunden eingeschaltet ist?
3. Beim Anschluß eines Bügeleisens an das 220-V-Netz wird in der Zuleitung die Stromstärke a) 4,54 A, b) 8,18 A, c) 3,18 A gemessen. Wie groß ist die elektrische Arbeit, wenn 2 1/2 Stunden gebügelt wird?
4. Ein Gleichstrommotor nahm aus dem Netz 6,4 kWh auf (**5.**8). Wie lange war der Motor eingeschaltet, wenn die Stromaufnahme a) 13,6 A, b) 17,1 A, c) 7,95 A betrug?

 5.8

5. Wie lange kann ein Waffeleisen mit dem Anschlußwert a) 900 W, b) 250 W, c) 800 W eingeschaltet sein, bis dem Netz eine Kilowattstunde entnommen ist?
6. Beim Betrieb eines Verbrauchers änderte sich der Zählerstand in sechs Stunden von 14 438 kWh auf a) 14 456 kWh, b) 14 462 kWh, c) 14 439,2 kWh.
Wie groß ist die Leistung des angeschlossenen Verbrauchers?
7. Wie groß ist die Stromaufnahme eines Brotrösters am 220-V-Netz, wenn nach dem Zählerstand in a) 2,5 Stunden, b) 2,22 Stunden, c) 2,86 Stunden eine Kilowattstunde entnommen wurde?
8. Ein Bügeleisen für 220 V mit der Nennleistung a) 800 W, b) 500 W, c) 1000 W ist fünf Stunden in Betrieb. Wie groß ist die Stromaufnahme? Welchen Wert hat der Heizwiderstand? Welche Kosten entstehen durch das Bügeln beim Arbeitspreis von 0,16 DM/kWh?
9. Ein 220-V-Gleichstrommtor hat die Nennstromaufnahme a) 6 A, b) 3,5 A, c) 8,8 A und wird täglich 3 3/4 Stunden lang mit Nennleistung betrieben. Wie hoch sind die bei dem Arbeitspreis 0,235 DM/kWh entstehenden monatlichen Kosten (30 Tage)?
10. Ein 300-W-Kleintauchsieder ist a) 6 Minuten, b) 10 Minuten, c) 1/4 Stunde eingeschaltet. Wie hoch sind die Kosten, wenn eine Kilowattstunde 0,188 DM kostet?
11. Ein Brotröster für 220 V; 5 A ist 15 Minuten eingeschaltet. Wie teuer ist das Rösten, wenn eine Kilowattstunde a) 0,158 DM, b) 0,175 DM, c) 0,40 DM kostet?
12. Ein ständig angeschlossenes Gerät hat einen Isolationsfehler mit dem Übergangswiderstand 4400 Ω. Wie groß ist die durch die Fehlerstelle während eines Monats (30 Tage) dem Netz entnommene elektrische Arbeit, wenn ständig ein Fehlerstrom von a) 50 mA, b) 40 mA, c) 60 mA fließt?
13. Ein Heizofen für 220 Volt hat eine a) 11 m, b) 6,7 m, c) 4,5 m lange Heizwendel aus einem Heizleiterwerkstoff mit dem spezifischen Widerstand 1,13 Ω · mm²/m und dem Durchmesser 0,4 mm.

Berechnen Sie den Leiterquerschnitt, den Heizleiterwiderstand, die Stromaufnahme, die Leistungsaufnahme und die dem Netz in einer Stunde und 15 Minuten entnommene elektrische Arbeit.
14. Der Anschlußwert der nach Bild **5.**9 angeschlossenen Waschmaschine beträgt a) 3,3 kW, b) 2,8 kW, c) 2,3 kW. Wie hoch sind die Kosten für das Waschen, wenn ein Waschgang 1 1/2 Stunden dauert und eine Kilowattstunde 0,15 DM kostet? Wie groß sind die Stromdichte und der Spannungsfall in der Zuleitung?

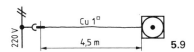 5.9

15. Ein Heizgerät für 220 V; 2000 W ist 45 Minuten eingeschaltet. Wie teuer ist dies, wenn die Anschlußspannung a) 210 V, b) 213 V, c) 225 V beträgt und die Kilowattstunde 0,16 DM kostet?

16. Ein elektrisches Heizgerät wird mit einer 5 m langen zweiadrigen Kupferleitung vom Querschnitt 0,75 mm² an das 220-V-Netz angeschlossen (5.10).
Wie groß ist die vom Gerät in 3 1/2 Stunden aufgenommene elektrische Arbeit, wenn die Spannung am Gerät nur a) 218 V, b) 217,5 V, c) 219 V beträgt?

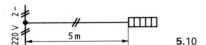

5.10

17. Ein Verbraucher mit dem Widerstand 100 Ω wird zwei Stunden und 15 Minuten über einen Vorwiderstand am 220-V-Netz betrieben. Der Vorwiderstand besteht aus 15 m Kupfernickeldraht (CuNi 44) mit dem Durchmesser a) 0,4 mm, b) 0,5 mm, c) 0,3 mm. Wie groß ist die vom Vorwiderstand aufgenommene elektrische Arbeit?

18. Eine Projektionslampe für 50 V hat die Nennleistung a) 150 W, b) 300 W, c) 500 W (5.11). Wie groß ist die bei einer 2 3/4stündigen Vorführung aus dem Netz aufgenommene elektrische Arbeit?

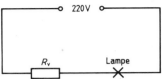

5.11

19. Der Widerstand R_1 nimmt an 220 V in 45 Minuten die elektrische Arbeit a) 1,65 kWh, b) 2,1 kWh, c) 1,5 kWh auf. Schalten wir entsprechend Bild 5.12 den Widerstand R_2 zu, wird in derselben Zeit die 2,5fache elektrische Arbeit aus dem Netz entnommen. Welchen Wert hat jeder der Widerstände?

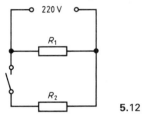

5.12

5.3 Energieumwandlung und Wirkungsgrad

Energie kann weder erzeugt werden noch verlorengehen. Sie wird vielmehr immer nur von einer Art in eine andere umgewandelt.

Der Energieverlust W_v bei Energieumwandlungen ist der Unterschied zwischen zugeführter Energie W_{zu} und ausgenutzter Energie W_{ab}.

$$W_v = W_{zu} - W_{ab}$$

Für den Leistungsverlust P_v gilt entsprechend:

$$P_v = P_{zu} - P_{ab}$$

Der Wirkungsgrad η (griechisch eta) ist das Verhältnis von genutzter Energie W_{ab} zu zugeführter Energie W_{zu}.

$$\eta = \frac{W_{ab}}{W_{zu}} \quad \text{und entsprechend} \quad \eta = \frac{P_{ab}}{P_{zu}}$$

W_{zu}, W_{ab} und W_v in Ws oder kWh
P_{zu}, P_{ab} und P_v in W oder kW
η ohne Einheit

Werden mehrere Geräte zusammengeschaltet (wie z. B. in Bild **5.15**), erhält man den Gesamtwirkungsgrad η als Produkt der Einzelwirkungsgrade η_1 und η_2.

$$\eta = \eta_1 \cdot \eta_2$$

Beispiel 5.5 Ein Gleichstrommotor gibt an seiner Welle die mechanische Leistung P_{ab} = 3 kW ab. Die Betriebsspannung beträgt U = 440 V, die Stromstärke I = 8 A. Welchen Wirkungsgrad η hat der Motor, und wie groß ist sein Leistungsverlust P_v?

Lösung $P_{zu} = U \cdot I$ = 440 V · 8 A = 3520 W

$\eta = \dfrac{P_{ab}}{P_{zu}} = \dfrac{3000 \text{ W}}{3520 \text{ W}} = 0{,}85 =$ **85 %**

$P_v = P_{zu} - P_{ab}$ = 3520 W − 3000 W = **520 W**

Aufgaben

1. Ein Gleichstromgenerator nimmt die mechanische Leistung a) 3,5 kW, b) 2,8 kW, c) 3,9 kW auf und gibt die elektrische Leistung 2,5 kW ab. Wie groß ist der Wirkungsgrad?

2. Wie groß sind Leistungsverlust und Wirkungsgrad eines Gleichstrommotors (**5.13**), der die elektrische Leistung 6 kW aufnimmt und an der Welle die mechanische Leistung 2,94 kW abgibt?

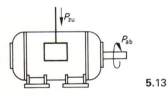

5.13

3. Ein Generator soll a) 20 kW, b) 25 kW, c) 10,5 kW liefern. Wie groß ist seine Antriebsleistung in Kilowatt, wenn der Wirkungsgrad 87 % beträgt?

4. Zum Antrieb einer Bohrmaschine sind a) 1,5 kW, b) 1,1 kW, c) 2,5 kW erforderlich. Welche Leistung in Kilowatt nimmt der Antriebsmotor mit dem Wirkungsgrad 0,77 aus dem Netz auf?

5. Wie groß ist die Leistung, die ein Elektromotor mit dem Wirkungsgrad 0,84 aufnehmen muß, wenn er eine Pumpe mit a) 1,9 kW, b) 4,2 kW, c) 2,5 kW antreiben soll?

6. Ein Elektromotor mit dem Wirkungsgrad a) 78 %, b) 80,5 %, c) 83 % nimmt die Leistung 3,8 kW auf. Wie groß ist die abgegebene Leistung?

7. In einer Glühlampe werden etwa 3 % der elektrischen Energie in Licht umgewandelt. Wie groß ist die in Licht umgewandelte Leistung in Watt einer a) 25-W-Glühlampe, b) 60-W-Glühlampe, c) 75-W-Glühlampe?

8. Ein Motor hat das in Bild **5.14** wiedergegebene Leistungsschild. Welchen Wirkungsgrad hat er bei Nennbelastung?

Hersteller				
Typ	GI	G Mot.-Nr.	7613	
220/	V	2,45	A	cos φ
1420	/min	0,37	kW	
Isol.-Kl. E	Schutzart	IP23	Bauform	

5.14

9. Ein kleiner Stellmotor gibt 0,15 kW ab. Sein Wirkungsgrad beträgt a) 65 %, b) 68 %, c) 70 %. Wie groß ist die Stromstärke, die er aus dem 220-V-Netz aufnimmt?

10. Auf dem Leistungsschild eines Gleichstrommotors steht u.a.

    a) 220 V 54 A   10 kW   2850 min^{-1}
    b) 440 V 92 A   36 kW   1800 min^{-1}
    c) 110 V 7,6 A 0,6 kW 1000 min^{-1}

    Wie groß sind Wirkungsgrad und Leistungsverlust bei Nennbelastung?

11. Wie groß ist der Wirkungsgrad eines Gleichstrommotors mit folgenden Nennwerten:

    a) 440 V 10 A 720 W Leistungsverlust,
    b) 220 V 66 A 1950 W Leistungsverlust,
    c) 110 V 53 A 940 W Leistungsverlust?

12. Ein Gleichstromgenerator für 440 V mit dem Wirkungsgrad 0,85 liefert a) 160 A, b) 132 A, c) 73 A Nennstrom. Wie groß sind die erforderliche Antriebsleistung und der Leistungsverlust?

13. Ein Gleichstrommotor mit der Nennleistung a) 2,4 kW, b) 4 kW, c) 6 kW hat den Wirkungsgrad 82 %. Er läuft jeden Tag 2 1/4 Stunden mit Vollast. Wie groß sind die aufgenommene elektrische Arbeit und die monatlichen Betriebskosten, wenn eine Kilowattstunde 0,158 DM kostet?

14. Wie groß sind die stündlichen Betriebskosten für einen Elektromotor mit a) 2 kW, b) 13 kW, c) 36 kW Nennleistung und dem Wirkungsgrad 0,89, wenn eine Kilowattstunde 0,158 DM kostet?

15. Der 3-Zylinder-Zweitaktmotor eines Notstromaggregats liefert a) 22,4 kW, b) 9,2 kW, c) 32,8 kW und treibt einen Gleichstromgenerator an, der den Wirkungsgrad 89 % hat. Wie groß sind Nennleistung, Leistungsverlust und Nennstromstärke des Generators bei der Klemmenspannung 220 V?

16. Eine Pumpe leistet 2,36 kW. Sie hat den Wirkungsgrad 0,67 und wird von einem Gleichstrommotor für 220 V angetrieben (**5.15**). Der Motor nimmt die Nennstromstärke 19 A auf. Wie groß sind der Wirkungsgrad des Motors und der Gesamtwirkungsgrad der Anlage?

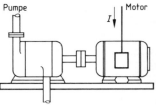

5.15

17. Der Gleichstromgenerator eines Notstromaggregats hat die Klemmenspannung 215 V. Er speist einen Gleichstrommotor mit der Stromaufnahme
    a) 13 A, b) 11 A, c) 17 A
    und dem Wirkungsgrad 76,5 % sowie 12 Glühlampen von je 60 W (**5.16**). Wie groß sind der Leistungsverlust und der Wirkungsgrad des Generators, wenn der antreibende Viertaktmotor die Leistung
    a) 5 kW, b) 4,5 kW, c) 6 kW
    abgibt? Wie groß ist die Leistungsabgabe des Gleichstrommotors?

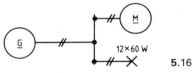

5.16

18. Ein Gleichstrommotor für 440 V mit dem Wirkungsgrad 87,5 % treibt einen Gleichstromgenerator an, der bei der Klemmenspannung 220 V mit a) 45 A, b) 80 A, c) 125 A belastet werden kann. Wie groß sind die Stromaufnahme des Motors und der Gesamtwirkungsgrad der Anlage, wenn der Generator 1600 W Leistungsverlust hat?

19. Ein Gleichstrommotor für 220 Volt und der Nennstromstärke a) 13,3 A, b) 11,9 A, c) 14,4 A hat den Wirkungsgrad 0,82. Der Motor treibt einen Gleichstromgenerator an, der bei 25 V Klemmenspannung die Nennstromstärke 65 A liefert. Wie groß sind der Wirkungsgrad des Generators und der Gesamtwirkungsgrad der Anlage?

20. Ein Gleichstrommotor mit der Nennleistung a) 8,2 kW, b) 6,6 kW, c) 9,2 kW und dem Wirkungsgrad 85,5 % ist über eine 10 m lange Kupferleitung mit dem Querschnitt 2,5 mm² an das 440-V-Netz angeschlossen (5.17). Wie groß sind die Stromdichte und der Spannungsverlust in der Zuleitung?

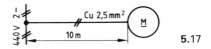

5.17

5.4 Grundlagen aus der Mechanik

5.4.1 Zusammensetzen und Zerlegen von Kräften

Kräfteparallelogramm. Kräfte werden geometrisch, d. h. nach Größe und Richtung, zur **resultierenden Kraft** addiert: Kräfteparallelogramm.

Die Zerlegung einer Kraft F in zwei Teilkräfte, die Komponenten F_1 und F_2, erfolgt ebenfalls mit einem Kräfteparallelogramm. Dabei erscheinen die Kraft F wieder als Diagonale und die Komponenten als Seiten des Kräfteparallelogramms (5.18).

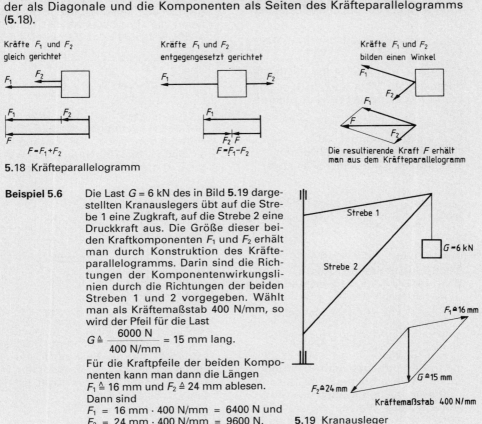

5.18 Kräfteparallelogramm

Beispiel 5.6 Die Last $G = 6$ kN des in Bild **5.19** dargestellten Kranauslegers übt auf die Strebe 1 eine Zugkraft, auf die Strebe 2 eine Druckkraft aus. Die Größe dieser beiden Kraftkomponenten F_1 und F_2 erhält man durch Konstruktion des Kräfteparallelogramms. Darin sind die Richtungen der Komponentenwirkungslinien durch die Richtungen der beiden Streben 1 und 2 vorgegeben. Wählt man als Kräftemaßstab 400 N/mm, so wird der Pfeil für die Last

$$G \triangleq \frac{6000 \text{ N}}{400 \text{ N/mm}} = 15 \text{ mm lang.}$$

Für die Kraftpfeile der beiden Komponenten kann man dann die Längen $F_1 \triangleq 16$ mm und $F_2 \triangleq 24$ mm ablesen. Dann sind

$F_1 = 16$ mm · 400 N/mm = 6400 N und
$F_2 = 24$ mm · 400 N/mm = 9600 N.

5.19 Kranausleger

Aufgaben

1. Zwei Arbeiter ziehen einen Wagen. Der erste zieht mit der Kraft 270 N, der zweite in derselben Richtung mit a) 250 N, b) 300 N, c) 180 N. Mit welcher resultierenden Kraft wird der Wagen gezogen?

2. Ein Leitungsmast ist in der einen Richtung durch die Seilkraft 900 N und in der Gegenrichtung mit der Seilkraft a) 800 N, b) 900 N, c) 1100 N belastet. Wie groß ist die resultierende Kraft?

3. Auf den in Bild **5.20** dargestellten Leitungsmast wirken die drei Seilkräfte
   a) $F_1 = 1{,}5$ kN, $F_2 = 500$ N, $F_3 = 1{,}1$ kN,
   b) $F_1 = 800$ N, $F_2 = 600$ N, $F_3 = 400$ N,
   c) $F_1 = 1{,}8$ kN, $F_2 = 700$ N, $F_3 = 1$ kN.
   In welcher Richtung und mit welcher Kraft wird der Leitungsmast belastet?

5.20

4. Auf den in Bild **5.21** in der Draufsicht dargestellten Mast wirken zwei Seilkräfte in den angegebenen Richtungen
   a) $F_1 = 800$ N und $F_2 = 500$ N,
   b) $F_1 = 800$ N und $F_2 = 600$ N,
   c) $F_1 = 500$ N und $F_2 = 700$ N.
   Wie groß ist die resultierende Kraft?

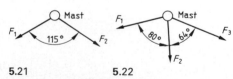

5.21   **5.22**

5. Bild **5.22** zeigt drei Seilkräfte
   a) $F_1 = 1{,}5$ kN, $F_2 = 1{,}2$ kN und $F_3 = 2$ kN,
   b) $F_1 = 1{,}2$ kN, $F_2 = 1$ kN und $F_3 = 1{,}8$ kN,
   c) $F_1 = 1$ kN, $F_2 = 0{,}8$ kN und $F_3 = 1{,}2$ kN,
   die in den angegebenen Richtungen wirken. Wie groß muß die Gesamtkraft sein, die den Kräften das Gleichgewicht hält? Welche Winkel bildet diese Gesamtkraft mit den Kräften F_1, F_2 und F_3?

6. Die Last in Bild **5.23** hat die Gewichtskraft a) 12 kN, b) 8 kN, c) 5 kN. Wie groß ist die Zugkraft in den Seilenden?

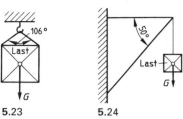

5.23   **5.24**

7. Der Wandkran **5.24** ist mit a) 8,5 kN, b) 6,8 kN, c) 9,2 kN belastet. Wie groß ist die Zugkraft bzw. Druckkraft in den Streben des Krans?

8. Eine Straßenleuchte ist nach Bild **5.25** an zwei Hauswänden befestigt. Wie groß ist die Zugkraft in den Seilenden, wenn die Gewichtskraft der Leuchte a) 300 N, b) 400 N, c) 250 N beträgt?

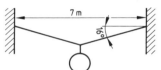

5.25

9. Auf den Freileitungsmast **5.26** mit der Höhe 9,5 m wirkt der Leitungszug a) 1500 N, b) 1200 N, c) 1800 N. Wie groß ist die Zugkraft im Ankerseil?

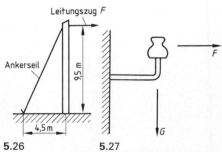

5.26   **5.27**

10. Der in einer Wand befestigte Stützisolator **5.27** hat die Seilkraft F und die Seilgewichtskraft G aufzunehmen. Mit welcher resultierenden Kraft ist der Isolator belastet bei
    a) $F = 1200$ N, $G = 560$ N,
    b) $F = 900$ N, $G = 640$ N,
    c) $F = 1{,}5$ kN, $G = 870$ N?

5.4.2 Drehmoment

Das Drehmoment M ist ein Maß für die „Drehwirkung" einer Kraft (5.28). Man erhält es als Produkt aus Kraft F und Hebelarm l:

$$\boxed{M = F \cdot l}$$

M in Nm
F in N
l in m

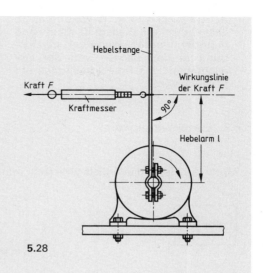

Beispiel 5.7 Ein Drehstrommotor hat eine Riemenscheibe mit d = 300 mm. Die Zugkraft am Riemen ist F = 240 N. Berechnen Sie das Drehmoment.

Lösung
$r = \dfrac{d}{2} = \dfrac{300\text{ mm}}{2} = 150\text{ mm} = 0{,}15\text{ m}$
Drehmoment $M = F \cdot r$
$M = 240\text{ N} \cdot 0{,}15\text{ m} = \mathbf{36\ Nm}$

5.28

Aufgaben

1. Wie groß ist das erzeugte Drehmoment, wenn an der Kurbel einer Seilwinde nach Bild **5.29** die Kraft a) 180 N, b) 220 N, c) 340 N wirkt?

2. Bei einer Versuchsanordnung nach Bild **5.28** wird am 50 cm langen Hebelarm die Kraft a) 210 N, b) 180 N, c) 320 N gemessen. Wie groß wird die Kraft am Umfang der Riemenscheibe mit dem Durchmesser 130 mm sein?

3. Die Riemenscheibe eines Motors hat den Durchmesser a) 80 mm, b) 110 mm, c) 140 mm. Wie groß ist das Drehmoment, wenn die Kraft am Umfang der Riemenscheibe 120 N beträgt?

4. Ein Drehstrommotor entwickelt das Nennmoment 120 Nm. Wie groß ist die Kraft am Umfang der Riemenscheibe mit a) 120 mm, b) 90 mm, c) 110 mm Durchmesser?

5. Ein Drehstrommotor entwickelt bei seiner Nenndrehzahl 1450 min^{-1} das Drehmoment 84 Nm. Wie groß muß der Durchmesser einer Riemenscheibe sein, wenn die Kraft an ihrem Umfang a) 1,4 kN, b) 935 N, c) 645 N betragen soll?

6. Die Last 800 N soll mit der Rollenanordnung nach Bild **5.30** gehoben werden. Wie groß muß der Kraftaufwand sein, wenn
   a) die Gewichtskraft der Rolle vernachlässigt wird,
   b) die Gewichtskraft der Rolle 150 N,
   c) die Gewichtskraft der Rolle 250 N beträgt?

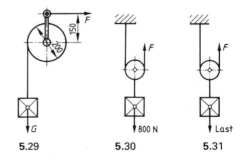

5.29   5.30   5.31

7. Die Last 1,2 kN soll mit der Rolle nach Bild **5.31** gehoben werden. Der Kraftaufwand beträgt a) 800 N, b) 900 N, c) 850 N. Wie groß ist die Gewichtskraft der Rolle?

8. An der Kurbel der Seilwinde nach Bild **5.29** wirkt die Kraft F = a) 260 N, b) 300 N, c) 400 N. Welche höchste Last G kann mit diesem Kraftaufwand gehoben werden, wenn von der Reibung in den Lagern und der Gewichtskraft des freien Seilendes abgesehen wird?

9. Mit einer Seilwinde nach Bild **5.29** soll die Last a) 650 N, b) 500 N, c) 480 N gehoben werden. Mit welcher Kraft F muß an der Kurbel gedreht werden, wenn man von Reibungsverlusten in Höhe von 35 % ausgehen kann?

5.4.3 Geschwindigkeit

Unter der Geschwindigkeit v versteht man den Quotienten aus Weg s und Zeit t.

$$v = \frac{s}{t}$$

s in m	t in s	v in $\frac{m}{s}$ oder
s in m	t in min	v in $\frac{m}{min}$ oder
s in km	t in h	v in $\frac{km}{h}$

Umfangsgeschwindigkeit. Bei der Drehbewegung erhält man die Umfangsgeschwindigkeit v mit der Formel

$$v = \pi \cdot d \cdot n$$

d in m   n in $\frac{1}{min}$ oder min^{-1}

v in $\frac{m}{min}$ oder nach Division mit 60 $\frac{s}{min}$ in $\frac{m}{s}$

Beispiel 5.8 Der Rotor eines vierpoligen Drehstrommotors für 380 V und 50 Hz hat den Durchmesser d = 14 cm. Nach der Leistungsschildangabe ist die Nenndrehzahl n = 1440 min^{-1}. Wie groß ist die Umfangsgeschwindigkeit v des Rotors in m/min und in m/s?

Lösung v = d · π · n = 0,14 m · 3,14 · 1440 min^{-1} = 633 m/min = **10,6 m/s**

Aufgaben

1. Ein Kraftfahrzeug legt in 45 Minuten den Weg von a) 30 km, b) 40 km, c) 50 km zurück. Wie groß ist die Durchschnittsgeschwindigkeit des Fahrzeugs in km/h?

2. Ein Kraftfahrzeug braucht für die Strecke 120 km
   a) eine Stunde und 10 Minuten,
   b) zwei Stunden und 15 Minuten,
   c) zwei Stunden und 30 Minuten.
   Wie groß ist seine Durchschnittsgeschwindigkeit in m/s?

3. Ein Pkw fährt mit der Durchschnittsgeschwindigkeit 120 km/h. In welcher Zeit legt er a) 500 km, b) 700 km, c) 900 km zurück?

4. Ein Monteur fährt um 8.40 Uhr zu seiner 28 km entfernten Arbeitsstelle, die er um a) 9.15 Uhr, b) 8.58 Uhr, c) 9.08 Uhr erreicht. Mit welcher durchschnittlichen Geschwindigkeit ist er gefahren?

5. Ein 12-mm-Wendelbohrer soll mit
   a) 14 m/min, b) 16 m/min, c) 18 m/min
   Umfangsgeschwindigkeit arbeiten. Die Drehzahl der Bohrmaschine ist auf
   a) 433 min^{-1}, b) 495 min^{-1}, c) 556 min^{-1}
   eingestellt. Um wieviel % der Solldrehzahl ist die Antriebsdrehzahl zu groß?

6. Ein Drehstrommotor mit der Nenndrehzahl 1440 min^{-1} treibt eine Kreis-

säge an. Das Sägeblatt hat a) 120 mm, b) 160 mm, c) 200 mm Durchmesser. Wie groß ist die Schnittgeschwindigkeit der Säge?

7. Die Riemengeschwindigkeit an der Riemenscheibe eines Elektromotors soll 10 m/s betragen. Die Drehzahl des Elektromotors ist
a) 1420 min^{-1}, b) 930 min^{-1}, c) 2920 min^{-1}.
Wie groß muß der Durchmesser der Riemenscheibe sein?

8. Eine Schleifscheibe mit
a) 242 mm, b) 82 mm, c) 162 mm Durchmesser soll mit der Umfangsgeschwindigkeit
a) 18 m/s, b) 12 m/s, c) 24 m/s
angetrieben werden. Wie groß muß ihre Drehzahl sein?

9. Der Durchmesser einer Schleifscheibe verändert sich im Laufe der Zeit von 180 mm auf a) 160 mm, b) 140 mm, c) 150 mm. Berechnen Sie die Abnahme der Schleifgeschwindigkeit in m/s und in Prozent vom ursprünglichen Wert, wenn die Drehzahl des antreibenden Motors 2870 min^{-1} beträgt.

10. Ein Drehmeißel darf mit der Schnittgeschwindigkeit 18 m/min arbeiten. Es soll eine Welle mit dem Durchmesser a) 80 mm, b) 70 mm, c) 60 mm und der Länge 320 mm überdreht werden. An der Drehmaschine lassen sich folgende Drehzahlen einstellen: 60 min^{-1}, 70 min^{-1}, 80 min^{-1}, 90 min^{-1} und 100 min^{-1}.
Wie groß darf die Drehzahl sein, ohne den Drehmeißel zu überlasten? Um wieviel Prozent weicht bei der eingestellten Drehzahl die Schnittgeschwindigkeit vom zulässigen Wert ab? Wie lange dauert der Drehvorgang, wenn mit dem Vorschub 0,3 mm/Umdr. gearbeitet wird?

5.5 Mechanische Arbeit und Leistung

Mechanische Arbeit. Wird ein Körper mit der Kraft F über die Strecke s bewegt, wird dabei die mechanische Arbeit W verrichtet.

$$W = F \cdot s$$

F in N s in m W in Nm = J = Ws

Die mechanische Leistung P ist der Quotient aus Arbeit W und Zeit t.

$$P = \frac{W}{t} = \frac{F \cdot s}{t} = F \cdot v$$

W in Nm t in s v in $\frac{m}{s}$ F in N

s in m P in $\frac{Nm}{s} = \frac{J}{s} = W$

Beispiel 5.9 Ein Bauaufzug soll in $t = 30$ s die Last $G = 20$ kN einschließlich Eigengewicht auf die Höhe $h = 18$ m heben. Die zu erwartenden Reibungsverluste P sollen durch den Wirkungsgrad 80 % berücksichtigt werden. Welche Leistung in kW muß der Antriebsmotor an seiner Welle abgeben?

Lösung Die Hubkraft F ist gleich dem Gewicht G der Last, die Hubhöhe h gleich dem zurückzulegenden Weg s. Dann ist die reine Hubleistung

$$P_1 = \frac{F \cdot s}{t} = \frac{20 \text{ kN} \cdot 18 \text{ m}}{30 \text{ s}} = 12 \frac{\text{kNm}}{\text{s}} = 12 \text{ kW}.$$

Unter Berücksichtigung der Verluste muß der Antriebsmotor die Gesamtleistung

$$P_2 = \frac{P_1}{\eta} = \frac{12}{0{,}8} \frac{\text{kNm}}{\text{s}} = 15 \frac{\text{kNm}}{\text{s}} = \mathbf{15 \text{ kW}} \text{ abgeben.}$$

Aufgaben

1. Ein Arbeiter hat die Last 600 N auf die Höhe a) 12 m, b) 18 m, c) 22 m transportiert. Wie groß ist die verrichtete mechanische Arbeit?

2. Ein Aufzug befördert in zehn Sekunden a) 1,2 kN, b) 1,5 kN, c) 1,8 kN auf 8 m Höhe. Wie groß ist die mechanische Leistung des Aufzugsmotors in Nm/s und in kW?

3. Mit einem Fahrstuhl sollen 7,5 kN in 15 s auf a) 12 m, b) 20 m, c) 16 m Höhe befördert werden. Für welche Nennleistung in Kilowatt muß der Hubmotor ausgelegt sein, wenn der Wirkungsgrad des Getriebes 60 % beträgt?

4. Wie groß ist die Last, die ein Kranmotor mit der Nennleistung
a) 4 kW, b) 5,5 kW, c) 7,5 kW
in 20 s auf die Höhe
a) 10 m, b) 12 m, c) 8 m
befördern kann, wenn der Getriebewirkungsgrad 0,6 beträgt?

5. Ein Aufzugsmotor hat die Nennleistung 3,7 kW. Das Gewicht der Aufzugskabine beträgt 600 N, der Wirkungsgrad des Getriebes 70 %. Welche Nutzlast kann
a) in 5 s auf 4 m
b) in 7,5 s auf 6 m
c) in 12,5 s auf 10 m
Höhe befördert werden?

6. Den Turbinen eines Wasserkraftwerks werden in jeder Sekunde 80 Kubikmeter Wasser zugeführt. Wie groß ist die Aufnahmeleistung der Turbinen in Megawatt, wenn die Fallhöhe des Wassers a) 180 m, b) 200 m, c) 250 m beträgt?

7. Der Turbine eines Wasserkraftwerks sollen a) 5880 kW, b) 4410 kW, c) 7360 kW zugeführt werden. Wieviel Kubikmeter Wasser müssen in jeder Sekunde durch die Fallrohre fließen, wenn die Fallhöhe 120 m beträgt?

8. Mit einer elektrisch angetriebenen Motorwinde wird die Last a) 4 kN, b) 5,5 kN, c) 8,6 kN in einer Minute 8,4 m hoch gehoben. Wie groß muß die Motorleistung sein, wenn das Getriebe der Winde den Wirkungsgrad 65 % hat?

9. Eine Pumpe soll einen a) 12 m, b) 8 m, c) 10 m über der Wasseroberfläche stehenden Behälter füllen. Der Behälter faßt 5 m^3 und soll in 20 Minuten gefüllt werden. Wie groß ist die erforderliche Pumpenleistung?

10. Eine Pumpe hat die Nennleistung a) 4,41 kW, b) 3,68 kW, c) 2,94 kW und den Wirkungsgrad 60 %. Wieviel Liter Wasser können in 10 Minuten auf die Höhe 9 m gepumpt werden? Wie groß muß die Nennleistung des Antriebsmotors sein?

6 Elektrisches Verhalten und Schaltung von Spannungsquellen

6.1 Quellenspannung, Klemmenspannung und innerer Widerstand von Spannungsquellen

Die Klemmenspannung einer Spannungsquelle (6.1) ist von der Belastung abhängig (6.2). Sie sinkt bei konstantem Innenwiderstand mit zunehmender Belastungsstromstärke ab. Man erhält die Klemmenspannung U, indem man den inneren Spannungsfall U_i von der Quellenspannung U_q subtrahiert (2. Kirchhoffsches Gesetz).

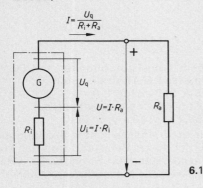
6.1

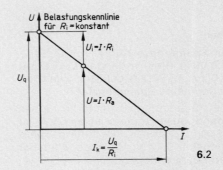
6.2

$$U = U_q - U_i$$

Den inneren Spannungsfall U_i erhalten wir mit dem Ohmschen Gesetz aus dem Innenwiderstand R_i und der Belastungsstromstärke I.

$$U_i = I \cdot R_i$$

Entsprechend ergibt sich die Klemmenspannung U aus der Belastungsstromstärke I und dem Belastungswiderstand R_a.

$$U = I \cdot R_a$$

Für den gesamten Stromkreiswiderstand gilt:

$$R = R_i + R_a$$

Für die Stromstärke I gilt:

$$I = \frac{U_q}{R_i + R_a}$$

Die Kurzschlußstromstärke I_k erhält man mit der Formel

$$I_k = \frac{U_q}{R_i}.$$

Beispiel 6.1 Eine Spannungsquelle mit der Quellenspannung $U_q = 12$ V und dem Innenwiderstand $R_i = 0{,}6\ \Omega$ wird belastet. Wie groß ist die Klemmenspannung U bei einer Stromstärke von $I = 4$ A, und wie groß ist der zu erwartende Kurzschlußstrom I_k?

Lösung $U_i = I \cdot R_i = 4\ \text{A} \cdot 0{,}6\ \Omega = 2{,}4\ \text{V}$ $\qquad U = U_q - U_i = 12\ \text{V} - 2{,}4\ \text{V} = \mathbf{9{,}6\ V}$

$$I_k = \frac{U_q}{R_i} = \frac{12\ \text{V}}{0{,}6\ \Omega} = \mathbf{20\ A}$$

Aufgaben

1. Ein Spannungserzeuger mit a) 15 Ω, b) 0,06 Ω Innenwiderstand wird mit a) 0,3 A, b) 84,2 A belastet. Wie groß ist der innere Spannungsfall?

2. Die Belastungsstromstärke eines Spannungserzeugers ist a) 60 A, b) 3,5 A, c) 140 mA, der innere Spannungsfall 0,42 V. Welchen Wert hat der innere Widerstand?

3. Wie groß ist die Belastungsstromstärke in einem Generator mit dem Innenwiderstand 120 mΩ, wenn der innere Spannungsfall a) 0,3 V, b) 480 mV, c) 2,16 V auftritt?

4. Eine Monozelle mit der Quellenspannung 1,5 V hat bei Belastung die Klemmenspannung a) 1,48 V, b) 1,3 V, c) 0,38 V. Wie groß ist ihr innerer Spannungsfall?

5. Ein Generator mit der Quellenspannung 220 V und dem konstanten inneren Widerstand a) 100 mΩ, b) 0,4 Ω, c) 0,72 Ω wird kurzgeschlossen. Wie groß ist die Kurzschlußstromstärke?

6. Ein Spannungserzeuger mit der Quellenspannung 220 V und dem konstanten Innenwiderstand 0,8 Ω wird mit a) 10 A, b) 2,5 A, c) 125 A belastet. Wie groß sind der innere Spannungsfall, die Klemmenspannung und der angeschlossene Belastungswiderstand?

7. Die Quellenspannung einer Stromquelle wird im Leerlauf mit einem hochohmigen Spannungsmesser (z. B. einem Transistorvoltmeter) mit 60 V gemessen. Bei Belastung mit a) 5 A, b) 24 A, c) 60 A sinkt die Klemmenspannung auf a) 58,2 V, b) 56,4 V, c) 48 V. Wie groß sind der innere Spannungsfall bei dieser Belastung und der Innenwiderstand der Stromquelle? Wie groß wäre die Kurzschlußstromstärke?

8. Ein Akkumulator mit 12 V Quellenspannung hat bei Belastung mit 6 A die Klemmenspannung a) 11,7 V, b) 8,4 V, c) 10,6 V. Wie groß ist der innere Widerstand? Welche Klemmenspannung ist bei Belastung mit 15 A zu erwarten?

9. Eine Stromquelle mit der Quellenspannung 42 V und dem konstanten inneren Widerstand 0,8 Ω wird mit a) 83,2 Ω, b) 30 Ω, c) 10 Ω belastet. Wie groß sind der Gesamtwiderstand des Stromkreises, die Belastungsstromstärke und die Klemmenspannung der Stromquelle? Wie groß wäre die Kurzschlußstromstärke?

10. Ein Spannungserzeuger hat die Quellenspannung und den konstanten Innenwiderstand
    a) 100 V und 0,5 Ω,
    b) 80 V und 0,5 Ω,
    c) 50 V und 0,25 Ω.
    Die Klemmenspannung ist in Abhängigkeit von der Belastungsstromstärke durch eine Belastungskennlinie darzustellen. Waagerechter Strom-

maßstab: 2 A/mm, senkrechter Spannungsmaßstab: 1 V/mm.

11. Drei Spannungserzeuger haben die in Bild **6.3** dargestellten Belastungskennlinien. Aus ihnen sind für jeden Erzeuger die Quellenspannung und der Kurzschlußstrom abzulesen. Wie groß sind der Innenwiderstand und die Klemmenspannung der Erzeuger bei der Belastungsstromstärke 20 A?

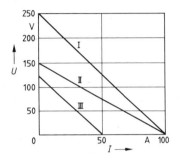

6.3

12. Eine Batterie mit der Quellenspannung 24 V und dem konstanten Innenwiderstand 1,2 Ω wird mit a) 3 A, b) 1,5 A, c) 4 A belastet. Wie groß sind die Klemmenspannung, der Belastungswiderstand und die abgebbare Kurzschlußstromstärke?
Wie groß muß der Belastungswiderstand sein, um Leistungsanpassung zu erreichen? Wie groß sind für diesen Fall die Klemmenspannung, die Belastungsstromstärke und die abgegebene Leistung (s. Abschn. 6.3)?

13. Der Belastungswiderstand eines galvanischen Elements mit der Quellenspannung 1,5 V und dem konstanten Innenwiderstand 1,4 Ω beträgt a) 2 Ω, b) 1,4 Ω, c) 1 Ω. Wie groß sind die Belastungsstromstärke und die Klemmenspannung?
Wie groß muß der Belastungswiderstand sein, um Leistungsanpassung zu erreichen? Wie groß sind für diesen Fall die Klemmenspannung, die Belastungsstromstärke und die abgegebene Leistung (s. Abschn. 6.3)?

14. Um welchen Betrag in Volt und in Prozent sinkt die Klemmenspannung eines Spannungserzeugers mit der Quellenspannung 65 V und dem konstanten Innenwiderstand 0,6 Ω, wenn der Belastungswiderstand
a) von 30 Ω auf 15 Ω,
b) von 30 Ω auf 10 Ω,
c) von 30 Ω auf 20 Ω
verringert wird?

15. Die Belastungsstromstärke einer Spannungsquelle mit der Quellenspannung 230 V und dem Innenwiderstand 2 Ω steigt
a) von 20 A auf 30 A,
b) von 20 A auf 40 A,
c) von 20 A auf 25 A.
Auf wieviel Prozent vom ursprünglichen Wert sinkt die Klemmenspannung, wenn der Innenwiderstand als konstant angenommen wird?

16. An einem Generator mit der Quellenspannung 240 V und dem Innenwiderstand 0,2 Ω ist über ein zweiadriges Kupferkabel mit
a) 33,6 m Länge 6 mm² Querschnitt,
b) 60 m Länge 2,5 mm² Querschnitt,
c) 28 m Länge 4 mm² Querschnitt
ein Verbraucher mit den Nennwerten 220 V; 11 A angeschlossen. Wie groß sind die Klemmenspannung des Generators und des Verbrauchers sowie der Spannungsfall in der Leitung in Volt und in Prozent der Generator-Klemmenspannung?

6.2 Zusammenschalten mehrerer Spannungsquellen

Reihenschaltung (6.4). Die Quellenspannungen der einzelnen Spannungserzeuger werden zur Gesamt-Quellenspannung addiert.

$$U_q = U_{q1} + U_{q2} + U_{q3} + \ldots$$

Bei n Spannungserzeugern mit gleichen Quellenspannungen U_{q1} ist die Gesamt-Quellenspannung $U_q = n \cdot U_{q1}$.
Die Innenwiderstände der einzelnen Spannungserzeuger werden zum Gesamt-Innenwiderstand addiert.

$$R_i = R_{i1} + R_{i2} + R_{i3} + \ldots$$

Bei n Spannungserzeugern mit gleichen Innenwiderständen R_{i1} ist der gesamte Innenwiderstand $R_i = n \cdot R_{i1}$.

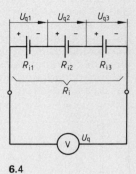

6.4

Parallelschaltung (6.5). Die Gesamt-Quellenspannung ist so groß wie die Quellenspannung jedes einzelnen Spannungserzeugers.

$$U_q = U_{q1} = U_{q2} = U_{q3} = \ldots$$

Wie bei der Parallelschaltung von Verbraucherwiderständen gilt für den Ersatz-Innenwiderstand die Formel

$$\frac{1}{R_i} = \frac{1}{R_{i1}} + \frac{1}{R_{i2}} + \frac{1}{R_{i3}} + \ldots$$

Bei n gleichen Spannungserzeugern mit gleichen Innenwiderständen R_{i1} ist der Ersatz-Innenwiderstand $R_i = \dfrac{R_{i1}}{n}$.

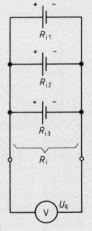

6.5

Beispiel 6.2   Eine Batterie aus 6 gleichen, in Reihe geschalteten Trockenelementen, von denen jedes die Quellenspannung $U_{q1} = 1{,}5$ V und den Innenwiderstand $R_{i1} = 0{,}6\ \Omega$ hat, wird mit einem Widerstand $R_a = 6{,}4\ \Omega$ belastet. Wie groß sind Stromstärke I und Klemmenspannung U der Batterie?

Lösung   Gesamte Quellenspannung der Batterie $U_q = n \cdot U_{q1} = 6 \cdot 1{,}5\ \text{V} = 9\ \text{V}$
gesamter Innenwiderstand $R_i = n \cdot R_{i1} = 6 \cdot 0{,}6\ \Omega = 3{,}6\ \Omega$
gesamter Stromkreiswiderstand $R = R_i + R_a = 3{,}6\ \Omega + 6{,}4\ \Omega = 10\ \Omega$

Stromstärke $I = \dfrac{U_q}{R} = \dfrac{9\ \text{V}}{10\ \Omega} = \mathbf{0{,}9\ A}$

Klemmenspannung der Batterie $U = I \cdot R_a = 0{,}9\ \text{A} \cdot 6{,}4\ \Omega = \mathbf{5{,}76\ V}$

Aufgaben

1. Ein Bleiakkumulator hat a) 6, b) 4, c) 12 Zellen mit einer Quellenspannung von je 2 V und einem inneren Widerstand von je 0,04 Ω. Wie groß sind die Quellenspannung und der innere Widerstand des Akkumulators?

2. Eine Batterie besteht aus a) 3, b) 5, c) 4 parallelgeschalteten galvanischen Elementen mit je 1,5 V Quellenspannung und 0,6 Ω innerem Widerstand. Wie groß sind die Quellenspannung und der innere Widerstand der Batterie?

3. Eine Batterie soll die Quellenspannung und den inneren Widerstand
   a) 4,5 V   2,4 Ω,
   b) 6 V   3,2 Ω,
   c) 1,5 V   0,2 Ω haben.
   Zur Verfügung stehen Einzelzellen mit je 1,5 V Quellenspannung und 0,8 Ω innerem Widerstand. Wieviel Elemente sind erforderlich, und wie sind sie zu schalten?

4. Monozellen mit der Quellenspannung von je 1,5 V und dem inneren Widerstand von je 1,2 Ω sollen zu einer Batterie mit der Quellenspannung von
   a) 9 V und 1,8 Ω,
   b) 6 V und 0,6 Ω,
   c) 3 V und 0,4 Ω
   zusammengeschaltet werden. Wieviel Elemente (Einzelzellen) sind erforderlich, und wie sind sie zu schalten?

5. Ein Stahlakkumulator mit a) 6, b) 4, c) 3 in Reihe geschalteten Zellen von je 1,2 V Quellenspannung und 0,03 Ω Innenwiderstand wird mit je 5 A belastet.
   Wie groß sind die Quellenspannung und der Innenwiderstand der Batterie?
   Welche Klemmenspannung wird gemessen, und welchen Wert hat der Belastungswiderstand?
   Wie groß wäre die Stromstärke im Kurzschlußfall?

6. Eine Batterie, bestehend aus a) 12, b) 9, c) 6 Elementen mit je 1,5 V Quellenspannung und 0,2 Ω Innenwiderstand hat die Quellenspannung 4,5 V. Wie sind die Elemente geschaltet, und wie groß ist der Innenwiderstand der Batterie?
   Wie groß sind die Belastungsstromstärke und die Spannung an den Batterieklemmen, wenn ein Verbraucher mit dem Widerstand 8,7 Ω angeschlossen wird?

7. Wie groß ist die Stromstärke in der Schaltung 6.6, wenn der Belastungswiderstand a) 100 Ω, b) 440 Ω, c) 55 Ω beträgt?

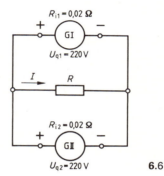

6.6

8. Wie groß sind die Stromstärken in den beiden Belastungswiderständen der Schaltung nach Bild 6.7 mit
   a) $R_1 = 100$ Ω und $R_2 = 200$ Ω,
   b) $R_1 = 50$ Ω und $R_2 = 120$ Ω,
   c) $R_1 = 20$ Ω und $R_2 = 15$ Ω?

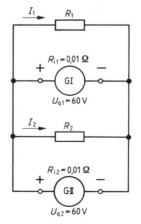

6.7

9. Eine Batterie aus Monozellen mit je 1,5 V Quellenspannung und 0,4 Ω Innenwiderstand soll die Gesamt-Quellenspannung 4,5 V haben. Wieviel Elemente sind erforderlich, und wie sind sie zu schalten, damit die Klemmenspannung der Batterie bei Belastung mit 2,5 A nicht unter 4 V sinkt?

10. Zwei Spannungserzeuger mit den Werten

a) U_{q1} = 240 V, R_{i1} = 2 Ω und U_{q2} = 240 V, R_{i2} = 4 Ω
b) U_{q1} = 240 V, R_{i1} = 2 Ω und U_{q2} = 230 V, R_{i2} = 0,5 Ω
c) U_{q1} = 240 V, R_{i1} = 0,5 Ω und U_{q2} = 230 V, R_{i2} = 2 Ω

liegen in Parallelschaltung an 10 V. Wie groß ist die Klemmenspannung? Wie groß sind die Stromstärken im Belastungswiderstand und in den Spannungserzeugern?

6.3 Leistunganpassung

Eine Spannungsquelle gibt die größte Leistung $P_{a\,max}$ ab, wenn der Außenwiderstand (Lastwiderstand) R_a gleich dem Innenwiderstand R_i der Spannungsquelle ist, d. h. wenn der Außenwiderstand dem Innenwiderstand „angepaßt" ist. Die Quellenspannung U_q teilt sich dann auf in

$$R_a = R_i \qquad U_a = \frac{U_q}{2} \qquad U_i = \frac{U_q}{2} .$$

Die Stromstärke I_a im Stromkreis ist für den Fall der Leistungsanpassung

$$I_a = \frac{I_k}{2}$$

und der Wirkungsgrad 0,5 = 50 %.

Die maximale Leistung, die die Spannungsquelle bei Anpassung abgeben kann, wird wie folgt berechnet:

$$P_{a\,max} = U_a \cdot I_a = \frac{U_q}{2} \cdot \frac{I_k}{2} = \frac{U_q \cdot I_k}{4} .$$

Beispiel 6.3 Eine Monozelle liefert im Leerlauf die Quellenspannung U_q = 1,5 V. Der Kurzschlußstrom I_k wird mit 3 A gemessen. Wie groß sind der innere Widerstand R_i und die maximale Leistungsabgabe $P_{a\,max}$?

Lösung
$$R_i = \frac{U_q}{I_k} = \frac{1{,}5\text{ V}}{3\text{ A}} = 0{,}5\text{ Ω}$$

$$P_{a\,max} = \frac{U_q \cdot I_k}{4} = \frac{1{,}5\text{ V} \cdot 3\text{ A}}{4} = 1{,}125\text{ W}$$

Aufgaben

1. Ein Spannungserzeuger liefert die Quellenspannung 127 V. Der Innenwiderstand ist mit 5 Ω angegeben. Berechnen Sie die Leistungsabgabe für die Lastwiderstände R_{a1} = 4 Ω, R_{a2} = 5 Ω, R_{a3} = 6 Ω.

2. Der Kurzschlußstrom eines Tonfrequenzgenerators beträgt 95 mA, die innere Kurzschlußleistung a) 3 W, b) 5 W, c) 6 W. An den Lastwiderstand soll die maximale Leistung abgegeben werden. Welchen Wert muß der Lastwiderstand haben?

3. Die maximale Abgabeleistung einer Spannungsquelle kann auch berechnet werden nach der Gleichung $P_{a\,max} = U_q^2/4\,R_i$. Versuchen Sie eine Herleitung dieser Gleichung.

4. An eine Batterie mit a) $U_q = 1{,}5$ V, b) $U_q = 4$ V, c) $U_q = 6$ V und dem Innenwiderstand 4 Ω sollen zwei Widerstände mit je 8 Ω so angeschlossen werden, daß in ihnen die größte Leistung umgesetzt wird. Wie müssen die Widerstände geschaltet werden, und wie groß ist dann die maximale Leistungsabgabe?

5. An den Ausgang eines Verstärkers sollen zwei Lautsprecher so angeschlossen werden, daß die größtmögliche Leistung abgegeben wird. Der Innenwiderstand des Verstärkers beträgt 8 Ω und die Leerlaufspannung a) 12 V, b) 16 V, c) 8 V. Zur Verfügung stehen Lautsprecher mit 16 Ω Innenwiderstand. Wie sind die Lautsprecher zu schalten? Wie groß ist die Ausgangsleistung?

6. Ein Plattenspieler liefert am Ausgang die Leerlaufspannung 0,3 mV. Sein Innenwiderstand beträgt a) 10 kΩ, b) 15 kΩ, c) 6 kΩ. Welchen Eingangswiderstand muß ein Verstärker haben, damit die maximale Leistung abgegeben wird? Wie groß ist diese Leistung?

7. Der Leitungsverstärker einer Fernmeldeleitung hat den inneren Widerstand a) 600 Ω, b) 900 Ω, c) 400 Ω. Bei Leistungsanpassung kann er maximal 20 W abgeben.
Wie groß ist die Leerlaufspannung des Verstärkers?

8. Von einem Leitungsverstärker einer Fernmeldeanlage sind bekannt: Leerlaufspannung 80 V und innerer Widerstand 500 Ω. Die an den Verstärker angeschlossene Fernmeldeleitung hat den Widerstand 100 Ω. Der Widerstand des Verbrauchers beträgt a) 600 Ω, b) 400 Ω, c) 800 Ω. Berechnen Sie die Kurzschlußleistung des Verstärkers und die Leistung des Verbrauchers, wenn der Kurzschluß des Verstärkers aufgehoben wird.

9. Ein Plattenspieler liefert am Ausgang die Leerlaufspannung a) 1,1 V, b) 0,5 V. Der Kurzschlußstrom beträgt 22 mA. Berechnen Sie für den Fall der Leistungsanpassung den Eingangswiderstand eines Verstärkers und die maximale Leistung.

10. Eine Spannungsquelle mit dem inneren Widerstand 50 Ω liefert bei Kurzschluß ihrer Ausgangsklemmen die Stromstärke 1 A. Stellen Sie den Verlauf von U_a, I_a und P_a für verschiedene Lastwiderstände in normierter Form dar (waagerechte Achse R_a/R_i; senkrechte Achse I_a/I_k; U_a/U_q; $P_a/P_{a\,max}$ (**6.8**).

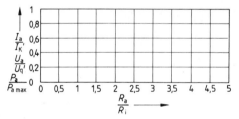

6.8

7 Wirkungen des elektrischen Stroms

7.1 Wärmewirkung

Die für die Erwärmung eines Stoffes erforderliche Wärmemenge Q wird durch das Produkt aus Masse m, spezifischer Wärmekapazität c und Temperaturdifferenz $\Delta\vartheta$ bestimmt.

$$Q = m \cdot c \cdot \Delta\vartheta$$

Q in J oder kJ
m in g oder kg
c in $\frac{J}{g \cdot K}$ oder $\frac{kJ}{kg \cdot K}$
$\Delta\vartheta$ in K

Beispiel 7.1 Es sollen 80 l Wasser von der Temperatur ϑ_1 = 15 °C auf ϑ_2 = 85 °C erwärmt werden. Welche Wärmemenge Q ist dafür erforderlich?

Lösung 80 l Wasser haben die Masse von 80 kg. Dann ist die Temperaturdifferenz
$\Delta\vartheta = \vartheta_2 - \vartheta_1 = 85\,°C - 15\,°C = 70\,K$.
Mit der Einheit Kilojoule (kJ) ist die Wärmemenge

$$Q = c \cdot m \cdot \Delta\vartheta = 4{,}2\,\frac{kJ}{kg \cdot K} \cdot 80\,kg \cdot 70\,K = \mathbf{23\,500\,kJ}.$$

Wärmemenge. Die durch den elektrischen Strom erzeugte Wärmemenge Q ist gleich der elektrischen Arbeit W.

$$Q = W$$

Q in J
W in Ws   1 Ws = 1 J

Es ist jedoch vielfach zweckmäßiger, eine Umrechnung von Kilojoule in die gebräuchliche Einheit Kilowattstunde vorzunehmen.

$$Q = 3600 \cdot W$$

Q in kJ
W in kWh   1 kWh = 3600 kJ

Wärmewirkungsgrad. Bei der Umwandlung elektrischer Energie in Wärme entstehen **Wärmeverluste** dadurch, daß ein Teil der Stromwärme auf den Gerätekörper und die Luft übergeht. Der Wärmewirkungsgrad η ist das Verhältnis der Wärme Q_2, die der erwärmte Stoff aufgenommen hat, zu der erzeugten Stromwärme Q_1.

$$\eta = \frac{Q_2}{Q_1}$$

η ohne Einheit
Q_1 und Q_2 in J oder kJ

Beispiel 7.2 Ein Kochtopf enthält 5 l Wasser von ϑ_1 = 20 °C. Um es auf einer 800-W-Kochplatte zum Kochen (ϑ_2 = 100 °C) zu bringen, braucht man die Zeit t = 50 min. Wie groß ist der Wirkungsgrad η?

Lösung 5 l Wasser entsprechen 5 kg Wasser. Die Temperaturerhöhung des Wassers beträgt $\Delta\vartheta = \vartheta_2 - \vartheta_1 = 100\,°C - 20\,°C = 80\,K$. Die dazu nötige Wärmemenge ist

$$Q_2 = c \cdot m \cdot \Delta\vartheta = 4{,}2\,\frac{kJ}{kg \cdot K} \cdot 5\,kg \cdot 80\,K = 1680\,kJ.$$

Die in der Zeit t = 50 min = $\frac{50}{60}$ h verrichtete Arbeit beträgt

$$W = P \cdot t = 0{,}8\,kW \cdot \frac{50}{60}\,h = 0{,}667\,kWh.$$

Die erzeugte Stromwärme ist

$$Q_1 = 3600 \, \frac{kJ}{kWh} \cdot 0{,}667 \text{ kWh} = 2400 \text{ kJ}.$$

Daraus ergibt sich der Wirkungsgrad für das Kochen auf der Kochplatte

$$\eta = \frac{Q_2}{Q_1} = \frac{1680 \text{ kJ}}{2400 \text{ kJ}} = 0{,}696 \approx \mathbf{0{,}7}.$$

Aufgaben

1. In einem Warmwasserspeicher werden 30 l Wasser um a) 62 K, b) 23 K, c) 77 K erwärmt. Wie groß ist die dem Wasser zugeführte Wärmemenge?
2. Welche Wärmemenge ist erforderlich, um a) 3,5 l, b) 1,5 l, c) 5 l Wasser von 15 °C in einem Kochendwasser-Automaten zum Sieden zu bringen?
3. Ein Elektroboiler hat das Fassungsvermögen a) 60 l, b) 80 l, c) 40 l. Das mit 8 °C zufließende Wasser wird im Boiler auf 70 °C erwärmt. Wie groß ist die erforderliche Wärmemenge?
4. In einer Badewanne befinden sich 210 l Wasser mit der Temperatur 55 °C. Wie groß ist die an den Raum abgegebene Wärmemenge, wenn sich das Wasser auf a) 18 °C, b) 32 °C, c) 26 °C abgekühlt hat?
5. Welche Wärmemenge ist erforderlich, um eine Tasse (150 cm^3) heißes Wasser von 98 °C zu bereiten, wenn die Anfangstemperatur des Wassers a) 10 °C, b) 14 °C, c) 7 °C beträgt?
6. Wieviel Liter Wasser von 12 °C können durch die Zufuhr der Wärmemenge a) 2520 kJ, b) 1386 kJ, c) 3465 kJ auf 87 °C erwärmt werden?
7. Die Wärmemenge 1680 kJ wird a) 5 l Wasser, b) 8,5 l Wasser, c) 12 l Wasser von 15 °C zugeführt. Auf welche Temperatur wird das Wasser erwärmt?
8. In einem Kochendwasser-Automaten wird der Inhalt durch die zugeführte Wärmemenge a) 1390 kJ, b) 1033 kJ, c) 1710 kJ von 12 °C auf 97 °C erwärmt. Wieviel Liter Wasser sind eingefüllt worden?
9. Um 15 l Wasser auf 85 °C zu erwärmen, ist die Wärmemenge a) 5028 kJ, b) 4714 kJ, c) 4400 kJ erforderlich. Wie hoch war die Anfangstemperatur des Wassers?
10. Für den Aufheizvorgang von 12 l Wasser wurde der in Bild **7.1** gezeigte Temperaturverlauf festgestellt. Wie groß ist die in den ersten und in den letzten 5 Minuten zugeführte Wärmemenge?
Wie groß ist die gesamte zugeführte Wärmemenge?

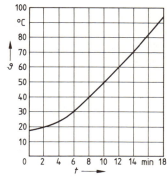

7.1

11. Eine a) 1,8 kg, b) 2,4 kg, c) 2,8 kg schwere Stahlplatte soll in einem Glühofen von 17 °C auf 1240 °C erwärmt werden. Wie groß ist die dazu erforderliche Wärmemenge?
12. Auf welche Temperatur wird ein a) 350 g, b) 300 g, c) 400 g schwerer Lötkolben aus Kupfer erwärmt, dem bei der Raumtemperatur 18 °C die Wärmemenge 42 kJ zugeführt wird? Beim Löten sinkt seine Temperatur auf 210 °C. Welche Wärmemenge hat er an das Werkstück abgegeben?

13. Ein Konvektionswandofen mit dem Anschlußwert 2 kW ist a) eine Viertelstunde, b) 10 Minuten, c) 7 Minuten lang eingeschaltet. Wie groß sind die dem Netz entnommene elektrische Arbeit und die erzeugte Wärmemenge?
14. Ein Tauchsieder mit einer Leistung a) 300 W, b) 260 W, c) 350 W ist 12 Minuten eingeschaltet (**7.2**). Wie groß ist die erzeugte Wärmemenge?

7.2

15. Wie groß ist die für eine Warmhalteplatte erforderliche Leistung, wenn sie a) in einer halben Stunde, b) in 40 Minuten, c) in 70 Minuten die Wärmemenge 420 kJ entwickeln soll?
16. Wie groß ist die vom Wasser aufgenommene Wärmemenge, wenn ein Kocher mit der Leistung 800 W und dem Wirkungsgrad 75 % für a) 42 Minuten, b) 24 Minuten, c) 54 Minuten eingeschaltet ist?
17. Wie groß ist die Wärmemenge, die ein Widerstand 25 Ω stündlich entwickelt, wenn er von a) 4 A, b) 2,5 A, c) 5 A durchflossen wird (**7.3**)?

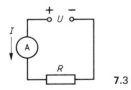

7.3

18. Ein Gerät mit dem Widerstand a) 40 Ω, b) 24,2 Ω, c) 32,3 Ω ist an 220 V angeschlossen. Wie groß ist die im Gerät in 20 Minuten entwickelte Wärmemenge?
19. Ein Elektrokocher mit der Leistung a) 1,6 kW, b) 1,8 kW, c) 2000 W ist an 220 V angeschlossen. Dabei werden in 7 Minuten 1,7 l Wasser von 15 °C zum Kochen gebracht. Wie groß sind die dem Netz entnommene elektrische Arbeit, die erzeugte Wärmemenge, die vom Wasser aufgenommene Wärmemenge und der Wirkungsgrad?
20. Wie groß muß die Leistung eines Durchlauferhitzers sein, wenn er bei dem Wirkungsgrad 94,2 % in einer Minute a) 9 l, b) 10,5 l, c) 6 l Wasser von 13 °C auf 40 °C erwärmen soll?
21. In einem Warmwasserspeicher sollen nachts in der Zeit von 22.00 Uhr bis 6.00 Uhr a) 80 l, b) 200 l, c) 120 l Wasser von 12 °C auf 85 °C erwärmt werden. Wie groß ist die erforderliche Leistungsaufnahme des Speichers, wenn der Wirkungsgrad 0,85 beträgt?
22. Ein Durchlauferhitzer mit a) 12 kW, b) 18 kW, c) 21 kW Anschlußwert liefert in einer Minute a) 3,8 l, b) 5,8 l, c) 6,8 l Wasser mit der Temperatur 55 °C. Mit welchem Wirkungsgrad arbeitet das Gerät, wenn die Zulauftemperatur des Wassers 12 °C beträgt?
23. Wie teuer ist die Bereitung von a) 3,5 l, b) 1,5 l, c) 5. l kochendem Wasser in einem Kochendwasser-Automaten mit dem Anschlußwert 2 kW, wenn dieser mit dem Wirkungsgrad 90 % arbeitet und die Zulauftemperatur des Wassers 14 °C beträgt? Eine Kilowattstunde kostet 0,16 DM.
24. Eine Projektionslampe a) 125 V 300 W, b) 50 V 250 W, c) 150 V 150 W wird mit einem Vorwiderstand an 220 V betrieben (**7.4**) Wie groß ist die Wärmemenge, die der Vorwiderstand während einer 1,5stündigen Vorführung entwickelt?

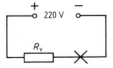

7.4

25. Ein Elektrokocher für 220 Volt und a) 800 W, b) 700 W, c) 1000 W Leistung hat den Wirkungsgrad 0,75. Wieviel Liter Wasser von 14 °C kann man damit in 15 Minuten zum Kochen bringen?

26. In einem Warmwasserspeicher mit dem Inhalt a) 50 l, b) 15 l, c) 80 l und dem Anschlußwert 4 kW wird Wasser von 10 °C auf 85 °C erwärmt. Wie lange dauert der Aufheizvorgang bei dem Wirkungsgrad 0,87?

27. In Bild **7.5** sind die Strom-Zeit-Kennlinien für einige Schmelzsicherungen wiedergegeben. Ermitteln Sie die Abschaltzeiten der flinken und trägen a) 6-A-Sicherung, b) 4-A-Sicherung, c) 10-A-Sicherung für die Stromstärken 20 A und 50 A. Wie groß ist die jeweils bis zum Durchschmelzen des Schmelzdrahts entwickelte Wärmemenge, wenn dessen Widerstand mit 0,03 Ω angenommen wird?

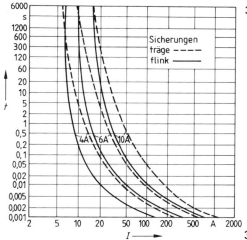

7.5

28. Eine Waschmaschine mit der Heizleitung
a) 3 kW, b) 3,3 kW, c) 2,3 kW
und der Wasserfüllung 20 l braucht
a) 45 Minuten, b) 40 Minuten, c) 60 Minuten,
um das mit 15 °C zulaufende Wasser auf 95 °C zu erwärmen. Wie groß sind die erzeugte Wärmemenge und der Wirkungsgrad? Wie teuer ist das Aufheizen bei 0,16 DM/kWh Arbeitspreis? Wie lange dauert es, wenn mit erhöhtem Wasserstand (Wasserfüllung 35 l) gewaschen wird?

29. Mit einem Tauchsieder für 220 V werden a) 1,5 l, b) 1,05 l, c) 2 ¼ l Wasser mit der Anfangstemperatur 14 °C in zehn Minuten zum Kochen gebracht. Wie groß ist der Widerstand des Heizkörpers, wenn der Wirkungsgrad des Tauchsieders 90 % beträgt?

30. Wieviel Liter Wasser von 12 °C werden für den Hauptspülgang einer Geschirrspülmaschine auf
a) 65 °C, b) 55 °C, c) 40 °C
aufgeheizt, wenn das Aufheizen
a) 23 Minuten, b) 16,5 Minuten, c) 9,5 Minuten
dauert und der Wirkungsgrad mit 78 % angenommen wird? Wie teuer ist das Aufheizen, wenn eine Kilowattstunde 12 Pfennig kostet?

31. Ein Elektroboiler hat das in Bild **7.6** gezeigte Leistungsschild. Der Wirkungsgrad beträgt 0,85. Wie lange dauert der Aufheizvorgang, wenn das Wasser mit der Temperatur 8 °C zuläuft und der Temperaturwähler auf a) 50 °C, b) 38 °C, c) 75 °C eingestellt wird?

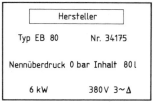

7.6

32. Mit einer Kochplatte für 220 V und der Leistung a) 1500 W, b) 1000 W, c) 1800 W sollen 2,5 l Wasser von 18 °C auf 97 °C erwärmt werden. Der Wirkungsgrad beträgt 70 %. In wieviel Minuten hat das Wasser die Endtemperatur erreicht, wenn die Netzspannung um 2,5 % abgesunken ist?

33. Die a) 1,04 m, b) 2,08 m, c) 1,49 m lange Heizwendel eines Elektro-Warmwassergeräts für 220 V besteht aus einem Heizleiterwerkstoff mit $\rho = 1{,}46\ \Omega \cdot mm^2/m$ und dem Durchmesser 0,4 mm. Auf welche Temperatur können 15 l Wasser von 12 °C bei dem Wirkungsgrad 86 % in 20 Minuten erwärmt werden?

7.2 Magnetische Wirkung

Durchflutung. Die Stärke von Spulenfeldern wächst bei gleichen Spulenabmessungen und damit gleicher mittlerer Feldlinienlänge l im gleichen Verhältnis wie die Stromstärke I und die Windungszahl N der Spule (7.7).

Das Produkt aus der Stromstärke I und der Windungszahl N der Spule nennt man ihre Durchflutung Θ (griechisch Theta).

$$\Theta = I \cdot N$$

Θ in A
I in A
N ohne Einheit

Magnetische Feldstärke. Die Stärke des Spulenfelds wächst im gleichen Verhältnis wie die Durchflutung Θ und im umgekehrten Verhältnis wie die mittlere Feldlinienlänge l.

Man nennt den Ausdruck $\Theta/l = I \cdot N/l$ die magnetische Feldstärke H der Spule.

$$H = \frac{I \cdot N}{l} = \frac{\Theta}{l}$$

H in A/m
I in A
Θ in A
l in m

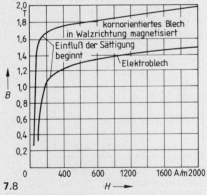

7.7

Die Flußdichte oder magnetische Induktion B steigt mit der Feldstärke H und der Permeabilität (magnetische Durchlässigkeit) μ des Werkstoffs. Die Abhängigkeit zwischen B und H wird nicht berechnet, sondern Magnetisierungskurven des betreffenden Werkstoffs entnommen (7.8). Die Einheit der Flußdichte ist die Voltsekunde je Quadratmeter (Vs/m²) oder Tesla (T).

Den magnetischen Fluß Φ (griechisch Phi), der die Querschnittsfläche A durchsetzt, erhält man, indem man die magnetische Flußdichte B mit der Querschnittsfläche A multipliziert.

7.8

$$\Phi = B \cdot A$$

Φ in Vs = Wb B in $\dfrac{Vs}{m^2}$ = T A in m²

Beispiel 7.3 Eine Spule hat N = 3000 Windungen und wird von I = 0,8 A durchflossen. Wie groß ist die Durchflutung Θ?
Lösung $\Theta = I \cdot N = 0{,}8\,\text{A} \cdot 3000 = \mathbf{2400\,A}$

Beispiel 7.4 Die mittlere Feldlinienlänge l des Magnetfelds der Spule aus Beispiel 7.3 beträgt 24 cm. Wie groß ist die Feldstärke H?
Lösung $H = \dfrac{I \cdot N}{l} = \dfrac{0{,}8\,\text{A} \cdot 3000}{0{,}24\,\text{m}} = \mathbf{10\,000\,\dfrac{A}{m}}$

Beispiel 7.5 Der magnetische Fluß Φ eines Magneten beträgt $10{,}8 \cdot 10^{-4}$ Vs. Die Polaustrittsfläche hat den Querschnitt A = 9 cm². Wie groß ist die Flußdichte?
Lösung $B = \dfrac{\Phi}{A} = \dfrac{10{,}8 \cdot 10^{-4}\,\text{Vs}}{9 \cdot 10^{-4}\,\text{m}^2} = \mathbf{1{,}2\,\dfrac{Vs}{m^2}}$

Aufgaben

1. Eine eisenlose Spule hat die Windungszahl a) 1500, b) 2100, c) 1800. Wird die Spule an 24 V Gleichspannung angeschlossen, fließen 1,5 A. Wie groß ist die Durchflutung?
2. Eine Spule mit
 a) 1500 Windungen, b) 2500 Windungen, c) 1800 Windungen
 soll die Durchflutung
 a) 6000 A, b) 5000 A, c) 3600 A
 liefern. Wie groß muß die Stromstärke in der Spule sein?
3. Wieviel Windungen muß eine Spule erhalten, damit bei der Stromaufnahme a) 300 mA, b) 372 mA, c) 266 mA die Durchflutung 930 A erzeugt wird?
4. Auf einem Spulenkörper stehen diese Angaben: a) 300 Windungen 4 A, b) 600 Windungen 2 A, c) 1200 Windungen 1 A. Wie groß ist die Feldstärke der Spule, wenn die mittlere Feldlinienlänge 24 cm beträgt und der angegebene Erregerstrom fließt?
5. In einer Spule mit a) 1800 Windungen, b) 2000 Windungen, c) 4000 Windungen soll die Feldstärke 6 A/cm erzeugt werden. Wie groß muß die Stromstärke in der Spule sein, wenn die mittlere Feldlinienlänge 0,3 m beträgt?
6. Die in Bild 7.9 dargestellte Ringspule hat a) 240 Windungen, b) 350 Windungen, c) 450 Windungen. Sie wird von 0,8 A durchflossen. Wie groß ist die erzeugte Feldstärke?

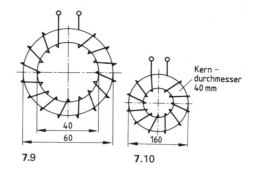

7.9   7.10

7. Die Ringspule 7.10 hat a) 1600 Windungen, b) 2200 Windungen, c) 2600 Windungen und soll die Feldstärke 40 A/cm erzeugen. Der Widerstand der Spule beträgt 38,2 Ω. Wie groß muß die Spulenspannung sein, damit der erforderliche Erregerstrom fließt?
8. Der magnetische Fluß in dem runden Kern eines Elektromagneten soll $12 \cdot 10^{-3}$ Vs betragen. Wie groß ist die Flußdichte, wenn der Kern den Durchmesser a) 125 mm, b) 140 mm, c) 150 mm hat?
9. Im rechteckigen Eisenkern mit 12 cm x 15 cm einer Gleichstrommaschine beträgt der magnetische Fluß
 a) $14,4 \cdot 10^{-3}$ Vs,
 b) $19,8 \cdot 10^{-3}$ Vs,
 c) $16,2 \cdot 10^{-3}$ Vs.
 Wie groß ist die Flußdichte im Eisenkern?

7.3 Chemische Wirkung

Die Masse m des bei der Elektrolyse 7.11 abgeschiedenen Stoffs erhält man, wenn man sein elektrochemisches Äquivalent c mit dem Strom I und der Zeit t multipliziert.

$m = c \cdot I \cdot t$

m in mg oder g
c in $\dfrac{mg}{As}$ oder $\dfrac{g}{Ah}$
I in A
t in s oder h

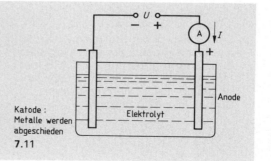

Katode: Metalle werden abgeschieden

7.11

Beispiel 7.6 Welche Silbermenge m wird in $t = 6$ h durch einen Strom von $I = 20$ A ausgeschieden, wenn für Silber $c = 4{,}02$ g/Ah ist?

Lösung $m = c \cdot I \cdot t = 4{,}02 \dfrac{g}{Ah} \cdot 20\ A \cdot 6\ h = \mathbf{482\ g}$

Aufgaben

1. Wieviel Gramm Kupfer werden durch die Stromstärke 125 A in a) 6,5 Stunden, b) 87 Minuten, c) 54 Minuten ausgeschieden?

2. In einer Vernickelungsanstalt sollen bei 8 Stunden täglicher Arbeitszeit a) 12,5 kg, b) 2,5 kg, c) 15 kg Nickel verarbeitet werden. Welche Stromstärke muß die Stromquelle liefern?

3. Wie lange dauert es, bis die Stromstärke a) 73 A, b) 153 A, c) 184 A aus einem Zinkbad 0,6 kg Zink abgeschieden hat?

4. Ein Werkstück mit der Oberfläche a) 18 500 cm², b) 1400 cm², c) 32 400 cm² soll galvanisch verchromt werden. Wie groß muß die Stromstärke sein, wenn mit der Stromdichte 0,55 A/dm² gearbeitet wird?

5. Das in Bild **7.12** dargestellte Werkstück aus Stahl wird 4 Stunden lang mit der Stromstärke a) 20 A, b) 15 A, c) 35 A versilbert. Wie groß ist die Masse des Werkstücks vor und nach dem Versilbern?

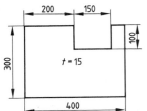

7.12

6. Ein Werkstück mit 15 000 cm² Oberfläche soll auf galvanischem Weg eine a) 0,02 mm, b) 0,1 mm, c) 0,045 mm dicke Chromschicht erhalten. Wie lange dauert das Verchromen, wenn die Stromstärke 82 A beträgt?

7. Ein 140 mm langer Kupferdraht mit dem Durchmesser a) 0,8 mm, b) 0,6 mm, c) 1,5 mm soll mit der Stromdichte 0,45 A/dm² versilbert werden. Wie dick ist die in 4,5 Stunden aufgetragene Silberschicht?

8. Eine Blechplatte mit den Maßen 570 mm × 420 mm hängt a) 3 Stunden, b) 2 ¼ Stunden, c) 5 Stunden in einem Kupferbad. Wie dick ist die in dieser Zeit entstandene Kupferschicht, wenn mit der Stromdichte 0,45 A/dm² gearbeitet wird?

9. In einem Elektrolysebad sollen 100 Winkel mit der Oberfläche 140 cm² eine a) 0,08 mm, b) 0,02 mm, c) 0,1 mm dicke Nickelschicht erhalten. Die eingestellte Stromdichte beträgt 0,5 A/dm². Wie lange dauert der Galvanisiervorgang?

10. Fünfzehn Hohlzylinder (**7.13**) mit den Maßen
    a) $d_i = 30$ mm und $d_a = 60$ mm
    b) $d_i = 30$ mm und $d_a = 80$ mm
    c) $d_i = 30$ mm und $d_a = 50$ mm
    sollen allseitig vernickelt werden. Auf welchen Wert muß die Stromstärke für eine Stromdichte von 0,6 A/dm² eingestellt werden? Wie lange dauert der Vorgang, wenn man eine 0,08 mm dicke Nickelschicht erreichen möchte?

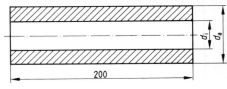

7.13

8 Spannungsquellen

8.1 Elektromagnetische Spannungserzeuger

In einer Leiterwindung oder Spule entsteht eine Induktionsspannung, wenn sich der von ihnen umschlossene magnetische Fluß ändert. Bei geschlossenem Stromkreis fließt ein Induktionsstrom.

Die induzierte Spannung U_q wächst mit der Änderungsgeschwindigkeit des von der Spule umfaßten magnetischen Flusses und mit der Windungszahl N der Spule.

$$U_q = N \frac{\Delta \Phi}{\Delta t}$$

U_q in V
$\Delta \Phi$ in Vs
Δt in s

Die Flußänderung in einer Spule kann auch durch eine Bewegung der Spule im Magnetfeld erreicht werden. Die Größe der in die Spule induzierten Spannung U_q nimmt mit der Flußdichte B, der wirksamen Leiterlänge l des Spulendrahts, der Geschwindigkeit v der Bewegung und der Windungszahl N der Spule zu.

$$U_q = B \cdot l \cdot v \cdot N$$

U_q in V $\qquad v$ in m/s
B in Vs/m² $\qquad N$ ohne Einheit
l in m

Beispiel 8.1 Der von einer Spule mit der Windungszahl $N = 600$ umfaßte magnetische Fluß Φ ändert sich im Zeitabschnitt $\Delta t = 0{,}2$ s gleichmäßig von $2 \cdot 10^{-3}$ Vs auf $1{,}2 \cdot 10^{-3}$ Vs. Wie groß ist die in die Spule induzierte Quellenspannung U_q?

Lösung Die Flußänderung $\Delta \Phi$ ist

$\Delta \Phi = \Phi_1 - \Phi_2 = 2 \cdot 10^{-3}$ Vs $- 1{,}2 \cdot 10^{-3}$ Vs $= 0{,}8 \cdot 10^{-3}$ Vs.

Damit ist die in die die Spule induzierte Quellenspannung

$$U_q = N \frac{\Delta \Phi}{\Delta t} = 600 \; \frac{0{,}8 \cdot 10^{-3} \text{ Vs}}{0{,}2 \text{ s}} = \mathbf{2{,}4 \text{ V}}.$$

Beispiel 8.2 Ein Leiter mit der wirksamen Länge $l = 12$ cm wird mit gleichbleibender Geschwindigkeit $v = 15$ cm/s durch ein Magnetfeld mit der Dichte $B = 1{,}2$ Vs/m² bewegt. Wie groß ist die induzierte Spannung? Wieviel in Reihe geschaltete Windungen muß eine Spule haben, damit die Spannung $U_q = 15$ V beträgt?

Lösung Die Quellenspannung für eine Windung ist

$$U_{q1} = B \cdot l \cdot v = 1{,}2 \; \frac{\text{Vs}}{\text{m}^2} \cdot 1{,}2 \text{ m} \cdot 0{,}15 \; \frac{\text{m}}{\text{s}} = \mathbf{0{,}12 \text{ V}}.$$

Windungszahl $N = \dfrac{U_q}{U_{q1}} = \dfrac{15 \text{ V}}{0{,}12 \text{ V}} = \mathbf{125}$

Aufgaben

1. Wie groß ist die induzierte Spannung in einem a) 0,04 m, b) 0,06 m, c) 0,08 m langen Leiter, der mit der gleichbleibenden Geschwindigkeit 0,08 m/s durch ein homogenes Magnetfeld mit der Flußdichte 0,62 Vs/m² bewegt wird?

2. Ein Leiter wird mit gleichbleibender Geschwindigkeit 0,04 m/s durch ein a) 3 cm, b) 5 cm, c) 7 cm breites Magnetfeld (das entspricht der wirksamen Leiterlänge) bewegt. Ein angeschlossenes Meßgerät zeigt während der Bewegungszeit die konstante

Stromstärke 0,1 mA an. Der Innenwiderstand des Meßgeräts beträgt 10 Ω. Wie groß ist die Flußdichte des magnetischen Feldes?

3. Mit welcher Geschwindigkeit muß ein Leiter von 8 dm Länge durch ein Magnetfeld mit der Flußdichte 0,8 Vs/m² bewegt werden, damit in ihm die Quellenspannung a) 1,2 V, b) 800 mV, c) 600 mV induziert wird?

4. Der Rotor eines Generators ist 18 cm lang und hat den Durchmesser 10 cm. Die wirksame Zahl der Ankerleiter ist a) 312 b, c) 208, c) 522. Mit welcher Drehzahl (Angabe in min^{-1}) muß der Rotor angetrieben werden, damit in dem magnetischen Feld mit der mittleren Flußdichte 0,75 Vs/m² die Spannung 220 V induziert wird?

5. Der von einer Leiterschleife umfaßte magnetische Fluß ändert sich a) in 0,2 s, b) 0,15 s, c) 0,35 s gleichmäßig von 2,5 · 10^{-3} Vs auf Null.
Wie groß ist die in die Leiterschleife induzierte Spannung während dieser Zeit?

6. Eine Spule mit 1200 Windungen umfaßt einen Eisenkern mit dem Querschnitt 9 cm². Der magnetische Fluß wird durch eine von Gleichstrom durchflossene Spule erzeugt. Die Flußdichte beträgt a) 0,9 Vs/m², b) 0,7 Vs/m², c) 0,5 Vs/m². Wird der Erregerstrom abgeschaltet, nimmt der magnetische Fluß in 5 ms auf praktisch 0 Vs ab.
Wie groß ist die in die Spule induzierte Spannung während der Abschaltzeit?

7. Durch Abnahme des magnetischen Flusses in a) 3 ms, b) 4 ms, c) 7 ms von 4 · 10^{-4} Vs auf 1 · 10^{-4} Vs soll in eine Spule die Spannung 200 V induziert werden.
Wie groß muß die Windungszahl der Spule sein?

8. Berechnen Sie für die Flußänderungsdiagramme 8.1 a) bis d) die Spannungen und stellen Sie deren Verlauf in einem Diagramm dar.

9. Der von einer Spule umfaßte magnetische Fluß ändert sich nach dem in Bild 8.2 dargestellten Verlauf. Berechnen Sie die Größe der in eine Spule mit a) 600 Windungen, b) 1200 Windungen, c) 1800 Windungen induzierten Spannung und geben Sie den Spannungsverlauf in einem Diagramm an.

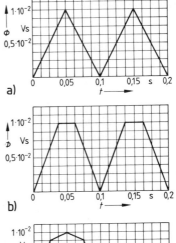

a)

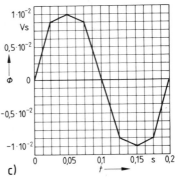

b)

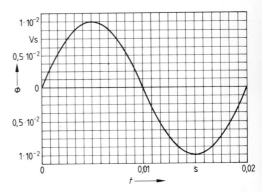

c)

8.1

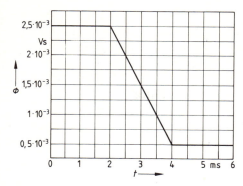

8.2

10. Eine Spule hat a) 30 Windungen, b) 40 Windungen, c) 70 Windungen und einen Querschnitt von 4 cm x 5 cm. Die Spule wird mit 800 min⁻¹ in einem homogenen Magnetfeld mit der Flußdichte 0,3 Vs/m² gedreht. Wie groß ist der Scheitelwert der induzierten Spannung?

Wieviel Spulen müßten angebracht werden, um bei entsprechender Schaltung den Gesamtwert 220 V zu erzeugen?

11. In eine Spule mit 120 Windungen und den Maßen 6 cm x 5 cm soll die Spannung a) 12 V, b) 18 V, c) 9 V induziert werden. Das homogene Magnetfeld hat die Flußdichte 0,8 Vs/m². Mit welcher Drehzahl (Angabe in min⁻¹) muß die Spule gedreht werden?

12. Von den 36 Nuten eines zweipoligen Ankers befinden sich gleichzeitig 27 Nuten im homogenen Feld einer Gleichstrommaschine. Nur die in diesen Nuten liegenden Leiter nehmen an der Spannungserzeugung teil. Der Anker ist 20 cm lang und hat a) 12 cm, b) 15 cm, c) 8 cm Durchmesser. Die Antriebsdrehzahl beträgt 1000 min⁻¹. In jeder Nut befinden sich 10 Drähte. Wie groß muß die Flußdichte sein, damit die Maschine die Leerlaufspannung = Quellenspannung 220 V liefert?

8.2 Akkumulatoren

Die Kapazität K eines Akkumulators wird ausgedrückt durch die Ladung, die er bis zur Entladeschlußspannung abgeben kann.

$$K = I \cdot t$$

K in Ah (Amperestunden)
I in A
t in h

Sowohl beim Laden als auch beim Entladen wird ein Teil der umgesetzten Energie in Wärme umgewandelt. Diese Verluste werden durch den Wirkungsgrad berücksichtigt.

Der Wattstunden-Wirkungsgrad η_{Wh} ist das Verhältnis der beim Entladen frei werdenden elektrischen Arbeit W_{ab} und der beim Laden zuzuführenden elektrischen Arbeit W_{zu}.

$$\eta_{Wh} = \frac{W_{ab}}{W_{zu}}$$

η_{Wh} ohne Einheit
W_{ab} und W_{zu} in Wh oder kWh

Der Amperestunden-Wirkungsgrad η_{Ah} ist das Verhältnis der beim Entladen entnehmbaren Elektrizitätsmenge Q_{ab} und der beim Laden aufgenommenen Elektrizitätsmenge Q_{zu}.

$$\eta_{Ah} = \frac{Q_{ab}}{Q_{zu}}$$

η_{Ah} ohne Einheit
Q_{ab} und Q_{zu} in Ah

Beispiel 8.3 Ein Akkumulator hat die Kapazität von $K = 75$ Ah bei 10stündiger Entladung. Welche Stromstärke I kann bei 10stündiger Entladung entnommen werden? Wie groß ist die ungefähre Ladestromstärke?

Lösung Dividiert man in der Formel $K = I \cdot t$ beide Seiten durch t, erhält man

$$I = \frac{K}{t} = \frac{75 \text{ Ah}}{10 \text{ h}} = \mathbf{7{,}5 \text{ A}}.$$

Die Ladestromstärke kann in diesem Fall ebenso groß wie die zehnstündige Entladestromstärke gewählt werden. Sie beträgt zahlenmäßig 1/10 der Nennkapazität.

Aufgaben

1. Wie groß muß die Kapazität einer Batterie gewählt werden, wenn sie 20 Stunden lang die Stromstärke a) 4,2 A, b) 2,8 A, c) 7,6 A abgeben soll?
2. Eine 12-V-Batterie ist mit dem Widerstand 1,75 Ω belastet. Wie groß ist ihre Stromstärke? Und wie lange darf die Batterie belastet werden, wenn ihre Kapazität a) 105 Ah, b) 84 Ah, c) 135 Ah beträgt?
3. Mit wieviel Glühlampen 12 V/15 W in Parallelschaltung darf eine Batterie mit der Kapazität a) 70 Ah, b) 56 Ah, c) 98 Ah sechs Stunden lang belastet werden?
4. Eine 6-V-Batterie kann 20 Stunden lang mit 4,9 A belastet werden. Wie lange darf ein Verbraucher mit dem Widerstand a) 2,5 Ω, b) 3,4 Ω, c) 1,8 Ω angeschlossen sein?
5. Wie groß ist der Amperestunden-Wirkungsgrad einer Batterie, die mit 15 A in zehn Stunden geladen wird und 20 Stunden lang a) 5,6 A, b) 3,5 A, c) 6,75 A liefert?
6. Eine Batterie mit dem Amperestunden-Wirkungsgrad 92 % wird mit a) 7,6 A, b) 10,7 A, c) 12,2 A in zehn Stunden geladen. Wie groß sind die Ladeamperestunden, die Kapazität und die Entladestromstärke für eine 20stündige Entladezeit?
7. Die Kapazität einer Batterie beträgt bei 20stündiger Entladezeit a) 105 Ah, b) 152 Ah, c) 4,5 Ah, der Amperestunden-Wirkungsgrad ist 90 %. Wie groß muß die Ladestromstärke für eine zehnstündige Ladezeit sein?
8. Eine Batterie mit a) 98 Ah, b) 56 Ah, c) 112 Ah Kapazität bei 20stündiger Entladezeit und dem Amperestunden-Wirkungsgrad 89 % wird mit der Stromstärke 8 A geladen. Wie lange dauert der Ladevorgang?
9. Die Kapazität einer Batterie ändert sich bei verschiedenen Belastungen nach den in Bild **8.3** angegebenen Kennlinien. Wie groß ist danach die Abnahme der Kapazität, wenn sie entweder mit 8,4 A, 25 A oder 50 A entladen wird? Wieviel der ursprünglichen Kapazität 84 Ah werden jeweils nur erreicht?

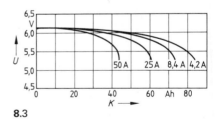

8.3

10. Die Kapazität von Starterbatterien sinkt bei 20stündiger Entladung von
    a) 56 Ah auf 50 Ah,
    b) 98 Ah auf 87,5 Ah,
    c) 180 Ah auf 162 Ah
    bei zehnstündiger Entladung. Wie groß ist der Kapazitätsverlust? Wie groß sind die Entladestromstärken?
11. Ein Bleiakkumulator hat die in Bild **8.4** dargestellten Kennlinien. Es sind daraus die mittlere Zellenspannung beim Laden und Entladen zu entnehmen

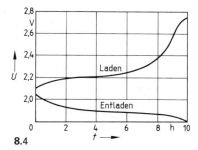

8.4

und die Lade- sowie Entladeamperestunden. Berechnen Sie die Kapazität, den Wattstunden-Wirkungsgrad und den Amperestunden-Wirkungsgrad, wenn der Akku durchschnittlich mit 10 A geladen und mit 9 A entladen wird.

12. Das Bild **8.5** zeigt die Lade- und Entladekennlinie eines Stahlakkumulators mit Nickel-Eisen-Zellen bei 7stündiger Ladung und 5stündiger Entladung. Diesem Diagramm sind die Spannungen am Ende des Lade- und Entladevorgangs sowie die mittlere Zellenspannung beim Lade- und Entladevorgang zu entnehmen. Die Ladestromstärke beträgt durchschnittlich 4,4 A und die Entladestromstärke 4,7 A. Wie groß sind der Amperestunden-Wirkungsgrad und der Wattstunden-Wirkungsgrad?

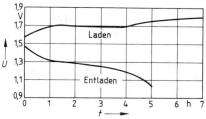

8.5

13. Eine 180-Ah-Starterbatterie besteht aus sechs in Reihe geschalteten Zellen. Berechnen Sie die Spannungen am Ende der Ladung, am Ende der Entladung und während der Entladung. Die Werte für die Zellenspannung sind der Kennlinie **8.4** zu entnehmen. Wie groß ist die Ladestromstärke am Anfang und am Ende des Ladevorgangs, wenn die Batterie zum Laden mit dem Vorwiderstand 0,9 Ω an 26 V angeschlossen wird?

9 Spannungs- und Stromarten

9.1 Wechselspannungen und Wechselströme

9.1.1 Periodendauer, Frequenz und Wellenlänge

Spannungen und Ströme haben oft einen periodischen (regelmäßig wiederkehrenden) Verlauf. Wenn die positive Fläche unter der Spannungs- bzw. Stromkurve während einer Periode gleich der negativen ist, ist der arithmetische Mittelwert Null, und es liegt eine reine Wechselgröße vor (9.1).

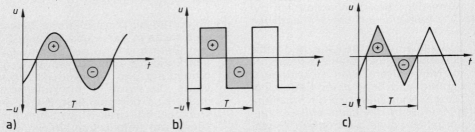

9.1 a) Sinusförmige, b) rechteckförmige, c) dreieckförmige Wechselspannung

Die Zeit, in der sich ein Vorgang wiederholt, heißt

Perioden- oder Schwingungsdauer T. T in s

Der Kehrwert der Periodendauer ist die

Frequenz $f = \dfrac{1}{T}$. f in Hertz (Hz)

$1 \text{ Hz} = \dfrac{1}{\text{s}} = \text{s}^{-1}$

Die Ausbreitungsgeschwindigkeit c elektromagnetischer Wellen beträgt in Luft und im Vakuum $c = 300\,000$ km/s, in Leitungen etwa 240 000 km/s. Dann ist die

Wellenlänge $\lambda = \dfrac{c}{f}$. λ in km

Beispiel 9.1 Welche Periodendauer T hat ein Wechselstrom mit der Frequenz $f = 225$ kHz? Wie groß ist seine Wellenlänge auf einer Leitung?

Lösung $T = \dfrac{1}{f} = \dfrac{1}{225 \cdot 10^3 \text{ 1/s}} = 4{,}44 \text{ μs}$

$\lambda = \dfrac{c}{f} = \dfrac{240\,000 \cdot 10^3 \text{ m/s}}{225 \cdot 10^3 \text{ 1/s}} = 1067 \text{ m}$

Aufgaben

1. Welche Periodendauer hat die Wechselspannung mit a) 50 Hz, b) 60 Hz, c) 16 $\frac{2}{3}$ Hz?

2. Die Ausgangsspannung eines Frequenzumrichters für den Antrieb einer Holzbearbeitungsmaschine hat die Periodendauer a) 4 ms, b) 3,33 ms, c) 2,5 ms. Wie groß ist die Frequenz der Wechselspannung?

3. Der Mikroprozessor eines Personalcomputers hat die Taktfrequenz a) 4,44 MHz, b) 7,16 MHz, c) 12,5 MHz. Wie groß ist die Periodendauer?

4. Wie groß sind Periodendauer und Wellenlänge eines UKW-Senders auf
 a) Kanal 2 mit 87,6 MHz,
 b) Kanal 13 mit 90,9 MHz,
 c) Kanal 22 mit 93,6 MHz?

5. Berechnen Sie die Wellenlänge für die
 a) Langwellenfrequenz 190 kHz,
 b) Mittelwellenfrequenz 0,8 MHz,
 c) Kurzwellenfrequenz 21 MHz.

6. Welche Wellenlänge hat die Frequenz a) 235,3 MHz, b) 765 MHz, c) 1,35 GHz in der Antennenzuleitung?

7. Die Zeitablenkung eines Oszilloskops ist auf a) 10 µs/cm, b) 0,5 ms/cm, c) 2 ms/cm eingestellt.
 Welche Frequenz und welche Wellenlänge hat die Wechselspannung mit einer Schwingung je Zentimeter?

8. Auf dem Bildschirm eines Oszilloskops werden drei Perioden einer Rechteckspannung über 6 cm dargestellt.
 Berechnen Sie die Frequenz und Periodendauer, wenn die Zeitablenkung auf a) 50 µs/cm, b) 0,2 ms/cm, c) 1 ms/cm eingestellt ist.

9.1.2 Zeitwert einer sinusförmigen Wechselgröße

Dreht sich eine Leiterwindung (Spule) mit konstanter Drehzahl in einem homogenen Magnetfeld, wird in ihr eine einphasige sinusförmige Wechselspannung erzeugt (induziert, 9.2a). Die Höhe der induzierten Spannung nimmt mit dem Sinus des Drehwinkels zu oder ab.

Gradmaß – Bogenmaß. Der Verlauf der sinusförmigen Wechselgröße läßt sich mit Hilfe des Einheitskreises darstellen. Er heißt so, weil sein Radius mit 1 ($r = 1$) angegeben wird, unabhängig von der „wahren Länge". Der Umfang ist dann $U = 2 \cdot r \cdot \pi = 2 \cdot 1 \cdot \pi = 2\pi$. Der Umlauf eines Zeigers in Bild 9.2b – dabei wurde international Linksdrehung vereinbart – entspricht demnach 360° im Gradmaß und 2π im Bogenmaß.

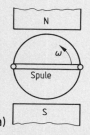
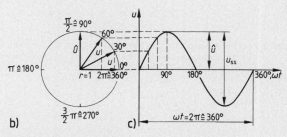

9.2 a) Drehende Spule im Magnetfeld, b) Zeigerdiagramm, c) Liniendiagramm

$$\frac{\text{Gradmaß}}{360°} = \frac{\text{Bogenmaß}}{2\pi}$$

Bei der Berechnung im Gradmaß bzw. im Bogenmaß (Radiant) ist der Taschenrechner in den jeweiligen Modus umzuschalten.

Kreisfrequenz – Winkelgeschwindigkeit. Ein Umlauf des Zeigers entspricht der Periodendauer T. Dann ist die Winkelgeschwindigkeit, auch Kreisfrequenz genannt, $\omega = 2 \cdot \pi/T$, mit der Frequenz $f = 1/T$ ist $\omega = 2\pi f$. Stellt man die Gleichung um, erhält man $2\pi = \omega T$. Die waagerechte Achse im Liniendiagramm (**9.2c**) gibt den „elektrischen Winkel" im Gradmaß φ bzw. im Bogenmaß ωt an.

$$\omega = 2 \cdot \pi \cdot f$$
$$2\pi = \omega T$$
$$\varphi = \omega t$$

ω in $\frac{1}{s}$

Die Augenblicks- oder Zeitwerte von sinusförmigen Spannungen und Strömen werden als kleine Buchstaben (u und i) geschrieben. Man erhält die Augenblickswerte durch Multiplizieren der Scheitelwerte. $\hat{u}$ und $\hat{i}$ (gesprochen „u-, i-Dach") mit dem Sinus des zugehörigen Phasenwinkels φ (phi) bzw. ωt.

$$u = \hat{u} \cdot \sin \varphi \qquad u = \hat{u} \cdot \sin \omega t$$
$$i = \hat{i} \cdot \sin \varphi \qquad i = \hat{i} \cdot \sin \omega t$$

Beispiel 9.2 Wie groß sind die Augenblickswerte eines sinusförmigen Wechselstroms mit dem Scheitelwert $\hat{i} = 2$ A für die Phasenwinkel $\varphi = 0°$, 30°, 60° und 90° bzw. $\omega t = 0$, $\pi/6$, $\pi/3$, $\pi/2$?

Lösung

Phasen-winkel $\varphi, \omega t$	Berechnung mit Gradmaß $i = \hat{i} \cdot \sin \varphi$	Berechnung mit Bogenmaß $i = \hat{i} \cdot \sin \omega t$
0°, 0	$i = 2\,A \cdot \sin 0° = 2\,A \cdot 0 = 0\,A$	$i = 2\,A \cdot \sin 0 = 2\,A \cdot 0 = 0\,A$
30°, $\frac{\pi}{6}$	$i = 2\,A \cdot \sin 30° = 2\,A \cdot 0{,}5 = 1\,A$	$i = 2\,A \cdot \sin \frac{\pi}{6} = 2\,A \cdot 0{,}5 = 1\,A$
60°, $\frac{\pi}{3}$	$i = 2\,A \cdot \sin 60° = 2\,A \cdot 0{,}866 = 1{,}73\,A$	$i = 2\,A \cdot \sin \frac{\pi}{3} = 2\,A \cdot 0{,}866 = 1{,}73\,A$
90°, $\frac{\pi}{2}$	$i = 2\,A \cdot \sin 90° = 2\,A \cdot 1 = 2\,A$	$i = 2\,A \cdot \sin \frac{\pi}{2} = 2\,A \cdot 1 = 2\,A$

Beispiel 9.3 Eine sinusförmige Wechselspannung hat den Scheitelwert $\hat{u} = 179$ V. Bei welchem Phasenwinkel im Gradmaß und im Bogenmaß erreicht diese Spannung den Zeitwert $u = 71{,}6$ V?

Lösung $\quad \sin \varphi = \dfrac{u}{\hat{u}} = \dfrac{71{,}6\,V}{179\,V} = 0{,}4 \qquad \sin \omega t = \dfrac{u}{\hat{u}} = \dfrac{71{,}6\,V}{179\,V} = 0{,}4$

$\varphi = \mathbf{23{,}6°} \qquad\qquad\qquad\qquad \omega t = \mathbf{0{,}412}$

Anmerkung Einige Taschenrechner haben eine Taste, über die die Umrechnung von Grad- in Bogenmaß direkt erfolgen kann. Sehen Sie in der Betriebsanweisung Ihres Rechners nach.

Aufgaben

1. Eine sinusförmige Wechselspannung hat den Scheitelwert 130 V. Wie groß ist der Zeitwert a) 30°, b) 15°, c) 45° nach dem Nulldurchgang?

2. Ein Wechselstrom erreicht a) 60°, b) 22°, c) 50° nach dem Nulldurchgang den Zeitwert 13 A. Wie groß ist der Scheitelwert?

3. Bei welchen Phasenwinkel nach dem Nulldurchgang erreicht eine Wechselspannung den Zeitwert 145 V, wenn ihr Scheitelwert a) 319 V, b) 177 V, c) 526 V beträgt?

4. Bei welchem Phasenwinkel erreicht eine Wechselspannung a) 30 %, b) 20 %, c) 70 % des Maximalwerts 180 V?

5. Wandeln Sie um vom Gradmaß in Bogenmaß a) 45°, b) 60°, c) 120°, d) 270° und vom Bogenmaß in Gradmaß e) 0,35, f) 1, g) $\frac{2}{3}\pi$, h) 5,2.

6. Wie groß ist die Kreisfrequenz einer Wechselspannung a) 50 Hz, b) $16\frac{2}{3}$ Hz, c) 60 Hz?

7. Die Kreisfrequenz einer Wechselspannung beträgt a) 6280 1/s, b) 1884 1/s, c) 5024 1/s. Welche Frequenz hat die Wechselspannung? Wie lange dauert eine Schwingung?

8. Eine Wechselspannung mit der Frequenz 50 Hz hat den Nulldurchgang bei $t = 0$. Berechnen Sie die Phasenwinkel ωt und φ für a) $t = 1$ ms, b) $t = 4,3$ ms, c) $t = 10$ ms.

9. Wie groß sind die Zeitwerte eines Wechselstroms mit dem Scheitelwert 7,2 A und der Frequenz 50 Hz nach a) 1 ms, b) 3 ms, c) 12 ms, d) 20 ms, e) 21 ms und f) 32 ms nach dem Nulldurchgang? Zeichnen Sie den Stromverlauf bis 40 ms und kennzeichnen Sie die Werte a) bis f).

10. Ein Wechselstrom mit dem Scheitelwert 8 A erreicht den Zeitwert a) 2,07 A, b) 0 A, c) 5,66 A in dem Augenblick, in dem eine frequenzgleiche Wechselspannung mit dem Scheitelwert 319 V den Zeitwert 276 V hat (9.3). Wie groß ist der Winkel φ, um den der Nulldurchgang des Stroms gegenüber dem der Spannung später erfolgt?

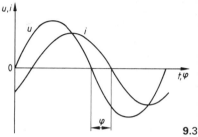

9.3

11. Eine Wechselspannung mit der Frequenz 50 Hz und dem Scheitelwert 177 V erreicht den Nulldurchgang 2,5 ms später als ein Wechselstrom gleicher Frequenz mit dem Scheitelwert 17 A. Wie groß ist der Augenblickswert der Spannung in dem Moment, in dem der Zeitwert des Stroms a) 14 A, b) 12 A, c) 16,5 A beträgt?

12. Von zwei Wechselspannungen gleicher Frequenz, die den Scheitelwert 580 V haben, erreicht die eine den Nulldurchgang $\frac{1}{6}$ Periode später als die erste. Wie groß ist der Zeitwert der ersten Spannung, wenn die andere
a) 50 % des Scheitelwerts,
b) den Nulldurchgang,
c) 30 % des Scheitelwerts erreicht?

13. In einem Drehstromnetz beträgt die Frequenz a) 50 Hz, b) 60 Hz, c) 40 Hz. In welchen Zeitabständen folgen die drei Phasen aufeinander?

14. Der Wechselstromgenerator (9.2a) wird mit der Drehzahl a) 3000 min⁻¹, b) 1500 min⁻¹, c) 3600 min⁻¹ angetrieben. Welchen Wert hat die Frequenz der erzeugten Wechselspannung? Wie lange dauert eine Schwingung?

9.1.3 Effektiv-, Scheitelwert (Maximal-, Spitzen-, Höchstwert, Amplitude) und Schwingungsbreite

Unter dem Effektivwert einer Wechselgröße versteht man den Spannungs- oder den Stromwert, der an einem Ohmschen Widerstand die gleiche Leistung P hervorruft wie eine gleich große Gleichspannung oder ein gleich großer Gleichstrom. Bei Wechselgrößen wird der Effektivwert vereinfacht mit U und I statt mit U_{RMS} und I_{RMS} bezeichnet (9.4)

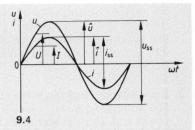

9.4

Effektivwert
- eines sinusförmigen Wechselstroms $\quad I = \dfrac{\hat{\imath}}{\sqrt{2}}$

- einer sinusförmigen Wechselspannung $\quad U = \dfrac{\hat{u}}{\sqrt{2}}$

Die Scheitelwerte ergeben sich zu
- $\hat{u} = \sqrt{2} \cdot U \quad \hat{u} = 1{,}414 \cdot U$
- $\hat{\imath} = \sqrt{2} \cdot I \quad \hat{\imath} = 1{,}414 \cdot I$.

Die Schwingungsbreite (Spitze-Spitze-Wert) von Wechselspannung und Wechselstrom ist der doppelte Scheitelwert.
$u_{SS} = 2 \cdot \hat{u} \qquad i_{SS} = 2 \cdot \hat{\imath}$

Beispiel 9.4 Bei der angelegten sinusförmigen Spannung $U = 4{,}2$ V fließt durch einen Widerstand die Stromstärke $I = 2{,}83$ A. Wie groß sind die Scheitelwerte der Spannung und der Stromstärke?

Lösung $\hat{u} = \sqrt{2} \cdot U = 1{,}414 \cdot 4{,}24\ \text{V} = \textbf{6 V}$
$\hat{\imath} = \sqrt{2} \cdot I = 1{,}414 \cdot 2{,}83\ \text{V} = \textbf{4 A}$

Für andere Formen von Wechselgrößen gelten andere Scheitelfaktoren (9.5).

Tabelle **9.5** Scheitelwerte

Spannung, Strom		Scheitelfaktor = $\dfrac{\text{Scheitelwert}}{\text{Effektivwert}}$
Dreieckform		$\sqrt{3} = 1{,}73$
Sägezahnform		$\sqrt{3} = 1{,}73$
Rechteckform		1

Beispiel 9.5 Eine Sägezahnspannung hat einen Scheitelwert von 42 V. Der Effektivwert ist zu berechnen.

Lösung $U = \dfrac{\hat{u}}{\sqrt{3}} = \dfrac{42\text{ V}}{\sqrt{3}} = 24{,}2\text{ V}$

Aufgaben

1. Ein Wechselstromgenerator liefert a) 220 V, b) 500 V, c) 380 V. Wie groß ist der Scheitelwert der Spannung?
2. Mit einem Meßinstrument wird der sinusförmige Wechselstrom a) 12,5 A, b) 27,8 A, c) 33,5 A gemessen. Wie groß ist der Scheitelwert des Stroms?
3. Die höchstzulässige Spannung eines Kondensators beträgt a) 160 V, b) 40 V, c) 630 V. Wie groß darf der Effektivwert der angelegten Sägezahnspannung max. sein?
4. Ein sinusförmiger Wechselstrom hat den Scheitelwert $\hat{\imath}$ = a) 1,7 A, b) 9,2 A, c) 31,4 A. Wie groß ist sein Effektivwert?
5. Auf dem Oszilloskop wird eine Wechselspannung mit der Schwingungsbreite u_{ss} = 28 V dargestellt. Wie groß ist der Effektivwert, wenn die Spannung a) dreieckförmig, b) rechteckförmig, c) sinusförmig ist?
6. Auf dem Bildschirm eines Oszilloskops erscheint der Spitze-Spitze-Wert einer sinusförmigen Wechselspannung mit a) 5 cm, b) 6,4 cm, c) 8,6 cm Höhe. Der Eingangsteiler ist auf 50 mV/cm eingestellt. Welchen Effektivwert hat die Spannung?
7. Mit dem Oszilloskops wird der Spitze-Spitze-Wert einer Dreieckspannng mit 5,4 cm Höhe angezeigt. Die Eingangsempfindlichkeit zeigt a) 50 mV/cm, b) 200 mV/cm, c) 0,5 V/cm. Berechnen Sie den Effektivwert und den Höchstwert der Spannung.
8. Ein Widerstand von a) 47 Ω, b) 220 Ω, c) 6,7 kΩ liegt an einer sinusförmigen Wechselspannung von u_{ss} = 84 V. Welche Leistung nimmt der Widerstand auf?
9. Durch einen Widerstand von a) 1 kΩ, b) 2,2 kΩ, c) 820 Ω fließt ein sinusförmiger Wechselstrom mit dem Effektivwert von 44 mA. Welcher Scheitelwert tritt bei der angelegten Spannung auf?
10. Ein Elektro-Wärmegerät mit dem Widerstand a) 24,4 Ω, b) 64,5 Ω, c) 40,3 Ω wird an Wechselspannung 220 V angeschlossen. Wie groß sind Effektiv- und Scheitelwert des Wechselstroms?
11. In der Zuleitung zu einem Elektrowärmegerät werden folgende Werte gemessen
    a) 6,83 A und 216 V,
    b) 4,6 A und 219 V,
    c) 9,7 A und 214 V.
    Wie groß ist der Zeitwert der Leistungsaufnahme des Geräts, wenn die Spannung ihren Scheitelwert erreicht?
12. Zwischen welchen beiden Zeitwerten schwankt die Leistungsaufnahme eines elektrischen Kochers a) 700 W, b) 800 W, c) 1000 W, der an die Wechselspannung 220 V angeschlossen ist?
13. Eine Glühlampe 220 V 100 W ist an ein Netz mit schwankender Spannung angeschlossen. Wie groß ist der Scheitelwert der Leistungsaufnahme, wenn die Netzspannung a) um 3 % sinkt, b) um 5 % steigt, c) um 2 % steigt?

9.2 Spannungs- und Strompulse

Der Tastgrad g einer rechteckförmigen Pulsgröße (9.6) ist das Verhältnis der Pulsdauer t_i und der Periodendauer T. Er ist stets kleiner als 1 ($g < 1$). Ist der Zeitverlauf nur angenähert rechteckförmig (9.9) wird die Pulsdauer bei 50 % der Amplitude festgelegt.

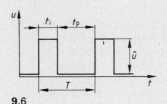

Das Tastverhältnis V ist der Kehrwert des Tastgrads ($V > 1$).

$$g = \frac{t_i}{T} \qquad V = \frac{T}{t_i} = \frac{1}{g}$$

9.6

Mittelwerte. Viele Wirkungen des elektrischen Stroms sind wegen der Trägheit nur als mittlere Werte feststellbar. Man unterscheidet den arithmetischen Mittelwert U_{AV} bzw. I_{AV} und den Effektivwert U_{RMS} bzw. I_{RMS}.

Der arithmetische Mittelwert ist z. B. für den Ladungstransport in der Elektrochemie oder für die Drehmomentbildung in Gleichstrommaschinen maßgebend. Er wird von Drehspulinstrumenten angezeigt (9.7).

Die Mittelwerte von nicht rechteckförmigen Größen werden durch Abmessen flächengleicher Spannungs- bzw. Stromzeitflächen bestimmt. Bei Kenntnis der mathematischen Funktion lassen sie sich mit Hilfe der höheren Mathematik bestimmen.

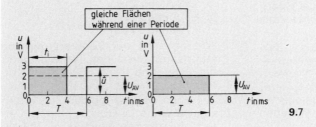

9.7

Für Rechteckpulse gilt:

$$\hat{u} \cdot t_i = U_{AV} \cdot T \qquad \hat{\imath} \cdot t_i = I_{AV} \cdot T$$
$$U_{AV} = \hat{u} \cdot \frac{t_i}{T} = \hat{u} \cdot g \qquad I_{AV} = \hat{\imath} \cdot \frac{t_i}{T} = \hat{\imath} \cdot g$$

Der Effektivwert ist z. B. für den Leistungsumsatz in einem Widerstand maßgebend. Er wird von Dreheisenmeßwerken und von „Echteffektiv-Vielfachinstrumenten" angezeigt (9.8).

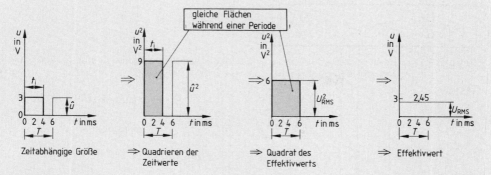

| Zeitabhängige Größe | ⇒ Quadrieren der Zeitwerte | ⇒ Quadrat des Effektivwerts | ⇒ Effektivwert |

9.8
Für Rechteckpulse gilt:

$$\hat{u}^2 \cdot t_i = U_{RMS}^2 \cdot T \qquad \hat{i}^2 \cdot t_i = I_{RMS}^2 \cdot T$$

$$U_{RMS} = \sqrt{\hat{u}^2 \frac{t_i}{T}} \qquad I_{RMS} = \sqrt{\hat{i}^2 \frac{t_i}{T}}$$

Der **Formfaktor** F ist das Verhältnis von Effektivwert und arithmetischer Mittelwert.

$$F = \frac{U_{RMS}}{U_{AV}} \qquad F = \frac{I_{RMS}}{I_{AV}}$$

Beispiel 9.6 Eine Rechteck-Pulsspannung hat den in Bild 9.7 dargestellten Verlauf. Die Amplitude (Spitzenwert) beträgt 3 V. Berechnen Sie Tastgrad, Tastverhältnis, arithmetischen Mittelwert, Effektivwert und Formfaktor.

Lösung
$$g = \frac{t_i}{T} = \frac{4 \text{ ms}}{6 \text{ ms}} = 0{,}667$$

$$V = \frac{1}{g} = \frac{1}{0{,}667} = 1{,}5$$

$$U_{AV} = \hat{u} \cdot \frac{t_i}{T} = 3 \text{ V} \cdot \frac{4 \text{ ms}}{6 \text{ ms}} = 2 \text{ V}$$

$$U_{RMS} = \sqrt{\hat{u}^2 \frac{4 \text{ ms}}{6 \text{ ms}}} = \sqrt{(3 \text{ V})^2 \frac{4 \text{ ms}}{6 \text{ ms}}} = 2{,}45 \text{ V}$$

$$F = \frac{U_{RMS}}{U_{AV}} = \frac{2{,}45 \text{ V}}{2 \text{ V}} = 1{,}225$$

9.9

Anstiegszeit t_r und Abfallzeit t_t sind die Zeiten, die verstreichen, bis der Spannungs- oder Stromwert von 10 % auf 90 % der Amplitude angestiegen bzw. von 90 % auf 10 % abgefallen ist (**9.9**).

Flankensteilheit S nennt man das Verhältnis der Spannungs- oder Stromänderung je Zeiteinheit.

$$S = \frac{\Delta U}{\Delta t} \quad \text{bzw.} \quad S = \frac{\Delta I}{\Delta t}$$

Beispiel 9.7 Berechnen Sie für den im Bild **9.10** dargestellten Impuls, Anstiegszeit, Abfallzeit und Flankensteilheit.

Lösung

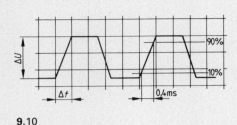

x-Maßstab $0{,}5 \,\frac{\text{ms}}{\text{cm}}$

Y-Maßstab $0{,}5 \,\frac{\text{V}}{\text{cm}}$

$t_r = t_f = \mathbf{0{,}4 \text{ ms}}$

$$S = \frac{\Delta U}{\Delta t} = \frac{1{,}5 \text{ V}}{0{,}5 \text{ ms}} = 3 \,\frac{\text{V}}{\text{ms}}$$

9.10

Aufgaben

1. Ein Rechteckstrom hat den in Bild **9.11** dargestellten Verlauf. Die Periodendauer beträgt a) 1,5 ms, b) 30 µs, c) 0,9 ms. Ermitteln Sie grafisch den arithmetischen Mittelwert und den Effektivwert. Prüfen Sie die Ergebnisse durch Rechnung.

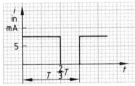

9.11

2. Die Sägezahnspannung **9.12** hat die Amplitude a) 150 mV, b) 0,6 V, c) 3 V. Ermitteln Sie den arithmetischen Mittelwert und den Effektivwert.

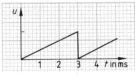

9.12

3. Bild **9.13** zeigt die Ausgangsspannung einer Einpuls-Mittelpunkt-Gleichrichterschaltung. In Tabellenbüchern wird

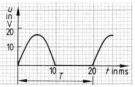

9.13

der arithmetische Mittelwert mit $\hat{u}/\pi$ angegeben. Prüfen Sie diese Angabe.

4. Eine rechteckförmige Pulsspannung hat die Amplitude u = 5,4 V, die Pulsdauer a) t_i = 0,5 ms, b) t_i = 0,2 ms, c) t_i = 300 µs und eine Periodendauer T = 0,8 ms. Berechnen Sie den Tastgrad, das Tastverhältnis, den arithmetischen Mittelwert, den Effektivwert und den Formfaktor.

5. Eine Rechteckspannung mit dem Tastgrad a) 0,6, b) 0,4, c) 0,2 und dem arithmetischen Mittelwert 12 V hat die Periodendauer T = 2 ms. Wie groß sind Impulsdauer und Effektivwert?

6. Am Ausgang eines Flipflops liegen Rechteckpulse mit t_i = 30 ns, $\hat{u}$ = 5,5 V und a) g = 0,3, b) g = 0,5, c) g = 0,8. Berechnen Sie die Periodendauer, den arithmetischen Mittelwert und die Pulspausendauer (das ist die Zeit zwischen der Rück- und der Vorderflanke des Folgepulses).

7. Für Rechteckpulse beträgt das Tastverhältnis 7,2, die Amplitude 80 mA und die Impulsdauer a) 64 µs, b) 100 µs, c) 35 µs. Wie groß sind Periodendauer, arithmetischer Mittelwert und Formfaktor?

8. In einer Thyristoransteuerung fließen über den Widerstand a) 100 Ω, b) 180 Ω, c) 270 Ω Rechteckstrompulse

mit der Amplitude 0,5 A und Impulsdauer 1 ms. Die Periodendauer beträgt 20 ms. Berechnen Sie den Tastgrad und die Verlustleistung des Widerstands.

9. Für den in Bild 9.14 dargestellten Impuls mit der Amplitude a) 15 V, b) 3 V, c) 0,6 V sind zu berechnen t_r, t_f und S für beide Flanken.

10. Die Synchronisierimpulse einer Kippstufe mit der Periodendauer a) 8 µs, b) 32 µs, c) 0,4 ms haben den Verlauf nach Bild 9.15. Bestimmen Sie Anstiegszeit, Abfallzeit, Impulsdauer, Steilheit der Vorderflanke, Tastverhältnis und Tastgrad.

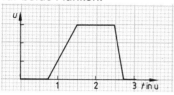
9.14

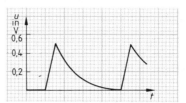
9.15

9.3 Mischgrößen

Bei den Mischgrößen sind Gleich- und Wechselgrößen überlagert (9.16). Während einer Periode T ist die Summe der Spannungs- bzw. Stromzeitflächen bezogen auf die Zeitachse nicht Null (9.16c). Der sich ergebende arithmetische Mittelwert wird als Gleichspannungs- bzw. Gleichstromanteil U_{AV} bzw. I_{AV} bezeichnet.
Der Wechselspannungsanteil der Mischgröße liegt spiegelbildlich (gleiche Flächen) zum eingetragenen Gleichanteil.

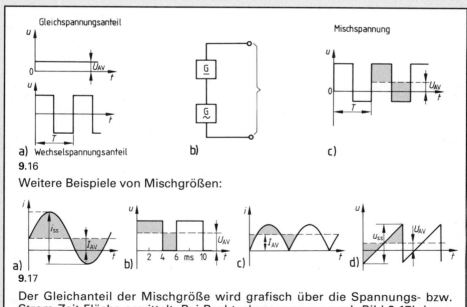

Der Gleichanteil der Mischgröße wird grafisch über die Spannungs- bzw. Strom-Zeit-Fläche ermittelt. Bei Rechteckspannungen nach Bild 9.17b kann der Gleichanteil über den Tastgrad berechnet werden.

105

Beispiel 9.8 Ein rechteckförmiger Mischstrom hat den in Bild **9.18** dargestellten Verlauf. Der Gleichstromanteil ist zu bestimmen.

Lösung Der Gleichstromanteil ergibt sich aus der Summe der Stromzeitflächen während einer Periodendauer rechnerisch zu:

$$\text{Gleichanteil} = \frac{\text{positive Fläche} - \text{negative Fläche}}{\text{Periodendauer}}$$

$$I_{AV} = \frac{(3\,A \cdot 4\,\text{ms}) - (2\,A \cdot 2\,\text{ms})}{6\,\text{ms}} = 1{,}33\,A$$

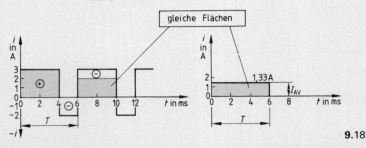

9.18

Der Effektivwert einer Mischgröße wird auch über gleiche Flächen bestimmt. Jedoch müssen wir wie in Abschn. 9.1 mit der Spannungs-Quadrat-Zeit-Fläche bzw. der Strom-Quadrat-Zeit-Fläche arbeiten. Für häufig vorkommende Kurvenverläufe sind die Werte in der Tabelle **9.19** notiert.

Der Formfaktor F ist auch hier der Quotient aus Effektivwert und arithmetischem Mittelwert. Vgl. Abschn. 9.1.

$$F = \frac{U_{RMS}}{U_{AV}} \quad \text{bzw.} \quad F = \frac{I_{RMS}}{I_{AV}}$$

Tabelle 9.19 **Häufige Kurvenverläufe**

Kurvenverlauf	arithmetischer Mittelwert U_{AV}, I_{AV}	Effektivwert U_{RMS}, I_{RMS}
a)	0,318 $\hat{u}$ 0,318 $\hat{\imath}$	0,5 $\hat{u}$ 0,5 $\hat{\imath}$
b)	0,637 $\hat{u}$ 0,637 $\hat{\imath}$	0,707 $\hat{u}$ 0,707 $\hat{\imath}$
c)	0,5 $\hat{u}$ 0,5 $\hat{\imath}$	0,577 $\hat{u}$ 0,577 $\hat{\imath}$

Beispiel 9.9 Die Ausgangsspannung einer Gleichrichterschaltung hat den Spannungsverlauf nach **9.19b**. Ein Drehspulmeßwerk zeigt den arithmetischen Mittelwert 24 V an. Wie groß sind der Formfaktor und die im Widerstand 100 Ω umgesetzte Leistung?

Lösung

$$\hat{u} = \frac{U_{AV}}{0{,}637} = \frac{24\text{ V}}{0{,}637} = 37{,}68\text{ V}$$

$$U_{RMS} = 0{,}707 \cdot \hat{u} = 0{,}707 \cdot 37{,}68\text{ V} = 26{,}64\text{ V}$$

$$F = \frac{U_{RMS}}{U_{AV}} = \frac{26{,}64\text{ V}}{24\text{ V}} = \mathbf{1{,}11}$$

Für die Leistungsberechnung ist der Effektivwert maßgebend.

$$P = \frac{U_{RMS}^2}{R_L} = \frac{(26{,}64\text{ V})^2}{100\ \Omega} = 7{,}1\text{ W}$$

Aufgaben

1. Der Gleichspannung 10 V ist eine Rechteckspannung mit der Frequenz 200 Hz und der Amplitude 5 V überlagert (**9.16**). Zeichnen Sie maßstäblich den Spannungsverlauf mit m_u = 5 V/cm und m_t = 1 ms/cm.

2. Wie groß ist der arithmetische Mittelwert einer Rechteckspannung nach Bild **9.16c** mit dem Spitze-Spitze-Wert 32 V und dem positiven Maximalwert a) 20 V, b) 22 V und c) 16 V?

3. Der Gleichstromanteil eines Rechteckstroms mit Verlauf nach Bild **9.17b** beträgt a) 55 mA, b) 0,27 A und c) 150 µA. Wie groß ist der Maximalwert?

4. Eine Sägezahnspannung nach Bild **9.17d** mit der Frequenz 1 kHz hat den positiven Maximalwert a) 12 V, b) 10 V und c) 11 V. Mit einem Drehspulinstrument wird der arithmetische Mittelwert 5 V gemessen. Wie groß ist die Schwingungsweite u_{SS} der Spannung?

5. Dem Kollektorgleichstrom **9.20** mit I_C = 0,4 A wird ein sinusförmiger Wechselstrom mit dem Spitze-Spitze-Wert i_{CSS} = 80 mA überlagert. Welche maximale und welche minimale Spannung sind über dem Kollektorwiderstand a) R_C = 22 Ω, b) R_C = 27 Ω, c) R_C = 47 Ω zu messen?

6. Der Kollektorgleichspannung U_{CE} in Bild **9.**20 von 4,7 V ist der Effektivwert einer sinusförmigen Signalwechselspannung von a) 0,88 V, b) 1,02 V, c) 2,35 V überlagert. Welche Spitzenspannung tritt auf, wie groß ist der arithmetische Mittelwert?

7. Mit dem Oszilloskop wird der Maximalwert a) 8 V, b) 50 V und c) 18 V einer Dreieckspannung **9.19c** gemessen. Welche Werte zeigen ein Dreheisen- und ein Drehspulinstrument an? Wie groß ist der Formfaktor?

8. Wie groß sind der arithmetische Mittelwert und der Formfaktor der Ausgangsspannung der Einpuls-Gleichrichterschaltung **9.19a**, wenn der Effektivwert a) 17,5 V, b) 28 V, c) 99 V beträgt?

9. Die Zweipuls-Brückengleichrichterschaltung **9.21** ist an der Netzwechselspannung a) 220 V, b) 110 V, c) 380 V angeschlossen. Der Spannungsfall an den Dioden wird vernachlässigt. Bestimmen Sie für die Ausgangsspannung nach **9.19b** den arithmetischen Mittelwert, den Effektivwert und den Formfaktor. Welche Leistung wird am Widerstand R_L = 560 Ω erzeugt?

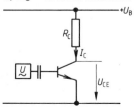

9.20

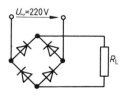

9.21

10 Elektrische Meßgeräte

10.1 Fehlergrenzen, Meßunsicherheit, Eigenverbrauch von Meßgeräten

Die Fehlergrenzen eines Meßgeräts sind die vereinbarten oder garantierten äußersten Abweichungen nach oben oder unten von der Sollanzeige. Sie werden meist durch die Angabe des Bereichs geschrieben, innerhalb dessen der Meßwert liegen darf: z. B. ±1,5 % bezogen auf den Endwert. Diese Angabe nennt man auch **Klassenzahl** des Meßgeräts.

Die Meßunsicherheit eines Meßergebnisses umfaßt alle zufälligen Fehler und nicht erfaßte, nur abschätzbare Fehler.

Meßgeräte haben einen Eigenwiderstand und stellen deshalb in Stromkreisen Verbraucher dar. Da der Leistungsverbrauch gegenüber der Nutzleistung meist sehr gering ist, wird er bei Berechnungen auch nur selten berücksichtigt.

Beispiel 10.1 Ein Spannungsmesser der Klasse 1,5 hat z. B. bei einem Meßbereich von 250 V für den gesamten Bereich einen zulässigen Anzeigefehler von ±1,5 · 250 V/100 = ±3,75 V. Ist der angezeigte Meßwert 250 V, liegt die zu messende Spannung demnach zwischen 246,25 V und 253,75 V. Bei einem Meßwert von 10 V dagegen liegt die zu messende Spannung zwischen 6,25 V und 13,75 V. Das entspricht dem

prozentualen Fehler $\dfrac{\pm 3{,}75\ V}{10\ V} \cdot 100\ \% = \pm 3{,}75\ \%$.

Aufgaben

1. Auf einem Spannungsmesser steht die Klassenzahl a) 1, b) 1,5 c) 2,5. Wie groß ist die zulässige Abweichung in Volt bei Endausschlag, wenn der Meßbereich des Geräts 0 bis 250 V beträgt?

2. Ein Strommesser mit dem Meßbereichsendwert a) 3 A, b) 15 A, c) 6 A hat die Klassenzahl 2,5. Wie groß ist die zulässige Abweichung in Milliampere, wenn der Zeiger auf dem Meßbereichsendwert steht?

3. Ein Strommesser mit dem Meßbereichsendwert 1,5 A hat die Klassenzahl 1,5. Wie groß ist die zulässige prozentuale Abweichung des Meßwerts, wenn der Zeiger auf 1,2 A steht?

4. Ein Vielfach-Meßinstrument mit der Klassenzahl 2,5 ist auf den a) 300-V-, b) 600-V-, c) 150-V-Bereich geschaltet. Wie groß ist die zulässige prozentuale Abweichung, wenn der Zeiger nach Bild **10**.1 auf dem 18. Teilstrich steht?

10.1

5. Ein Spannungsmesser mit a) 0,8 kΩ/V, b) 0,6 kΩ/V, c) 0,5 kΩ/V hat den Meßbereich 0 bis 300 V. Wie groß ist die Stromstärke durch die Meßspule bei vollem Zeigerausschlag?

6. Der Innenwiderstand eines Strommessers beträgt a) 60 mΩ, b) 50 mΩ, c) 40 mΩ. Wie groß ist der Spannungsfall an den Klemmen, wenn die Meßspule von 2,5 A durchflossen wird? Wie groß ist der Leistungsverlust im Meßgerät?

7. Ein Spannungsmesser mit 600 Ω/V hat den Meßbereich a) 60 V, b) 100 V, c) 600 V. Er zeigt 55,5 V an. Wie groß ist die Meßstromstärke in Milliampere?

8. Ein Vielfach-Meßinstrument ist als Strommesser auf den Meßbereich a) 15 A, b) 6 A, c) 300 mA geschaltet. Der Innenwiderstand beträgt 0,03 Ω. Wie groß ist der Spannungsabfall an den Klemmen des Meßinstruments, wenn der Zeiger entsprechend Bild **10**.2 auf Teilstrich 22,5 steht?

10.2

9. Ein Strommesser soll als Spannungsmesser verwendet werden. Der Innenwiderstand des Meßwerks beträgt a) 0,2 Ω, b) 0,6 Ω, c) 0,8 Ω. Es wird der Meßbereich 0,6 A gewählt. Wie groß ist die im Höchstfall zu messende Spannung? Wie groß ist der Leistungsverlust im Meßgerät?

10. Ein Spannungsmesser mit 1,2 kΩ/V hat den Meßbereichsendwert 60 V. Wie groß sind die Meßstromstärke und der Leistungsverlust, wenn der Zeiger die Spannung a) 45 V, b) 18 V, c) 9 V anzeigt?

11. Ein Strommesser mit dem Meßbereich a) 30 mA, b) 150 mA, c) 300 mA hat den Innenwiderstand 12 Ω. Wie groß ist der Leistungsverbrauch des Meßgeräts, wenn der Zeiger auf 70 % des Meßbereichsendwerts steht?

12. Ein Spannungsmesser mit 20 kΩ/V hat den Meßbereich a) 300 mV, b) 150 mV, c) 60 mV. Wie groß ist der Leistungsverlust, wenn die Spannungsanzeige zwei Drittel vom Meßbereichsendwert beträgt?

10.2 Strom- und Spannungsmessung, Meßbereichserweiterung

Zur Strommessung wird das Meßgerät mit dem Verbraucher in Reihe geschaltet.

Zur Spannungsmessung wird das Meßgerät zum Verbraucher parallelgeschaltet.
Werden Stromstärke und Spannung gleichzeitig gemessen, sind u. U. die Innenwiderstände der Meßgeräte zu berücksichtigen (Strom-/Spannungsfehlerschaltung).

Die Meßbereichserweiterung bei Drehspulmeßwerken erfolgt für Spannungsmesser durch einen Vorwiderstand (**10**.3), für Strommesser durch einen Neben-(Parallel-)widerstand (**10**.4). Für die Meßbereichserweiterung bei Dreheisenmeßwerken sind für Spannungsmesser Vorwiderstände und für Strommesser Spulenanzapfungen sowie Meßwandler gebräuchlich.

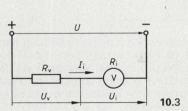
10.3

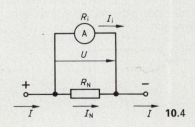
10.4

Beispiel 10.2 Der Meßbereich eines Spannungsmessers mit dem Innenwiderstand R_i = 100 kΩ soll von U_i = 60 V auf U = 300 V erweitert werden. Welchen Wert muß ein Vorwiderstand R_v haben?

Lösung Im Vorwiderstand R_v muß die Spannung $U_v = U - U_i$ = 300 V – 60 V = 240 V „vernichtet" werden.

Da sich nach dem 2. Kirchhoffschen Gesetz die Spannungen wie die Widerstände verhalten, gilt

$$\frac{R_v}{R_i} = \frac{U_v}{U_i}.$$

Damit wird

$$R_v = \frac{U_v \cdot R_i}{U_i} = \frac{240 \text{ V} \cdot 100 \text{ k}\Omega}{60 \text{ V}} = \mathbf{400 \text{ k}\Omega}.$$

Beispiel 10.3 Ein Strommesser mit dem Meßbereich I_i = 3 A hat den Innenwiderstand R_i = 0,2 Ω. Mit dem Strommesser sollen Stromstärken bis I = 15 A gemessen werden. Welchen Wert muß ein Parallelwiderstand R_N haben?

Lösung Der Spannungsfall am Strommesser ist bei Vollausschlag

$U_i = I_i \cdot R_i$ = 3 A · 0,2 Ω = 0,6 V.

Diese Spannung liegt auch am Widerstand R_N. Durch R_N fließt demnach die Stromstärke

$I_N = I - I_i$ = 15 A – 3 A = 12 A.

Damit ist der Widerstand

$$R_N = \frac{U_i}{I_N} = \frac{0,6 \text{ V}}{12 \text{ A}} = \mathbf{0,05 \ \Omega}.$$

Aufgaben

1. Ein Widerstand 180 Ω ist über einen Strommesser mit vernachlässigbar kleinem Innenwiderstand an 6 V angeschlossen. Parallel zum Widerstand liegt ein Spannungsmesser mit dem Innenwiderstand 4 kΩ. Der Strommesser zeigt 34,5 mA an. Wie groß ist die Stromstärke durch den Widerstand?

2. Berechnen Sie aus der Meßschaltung nach Bild **10.5** die Stromstärke durch den Widerstand 600 Ω. Stellen Sie fest, um wieviel Prozent der wahre Wert des Stroms vom angezeigten Wert a) 0,25 A, b) 0,23 A, c) 0,21 A abweicht. Der Leitungswiderstand ist für die Korrekturrechnung zu vernachlässigen.

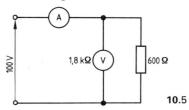

10.5

3. Die Spannung am Widerstand 12 Ω in der Schaltung nach Bild **10.6** ist zu ermitteln. Berechnen Sie die Abweichung der wahren Spannung am Widerstand in Volt und in Prozent vom angezeigten Wert, wenn der Innenwiderstand des Strommessers a) 2 Ω, b) 1 Ω, c) 3 Ω beträgt.

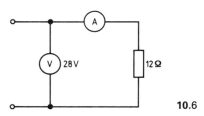

10.6

4. Berechnen Sie aus der Schaltung nach Bild **10.7** die Stromstärke durch den Widerstand 100 Ω. Wie groß ist der vom Strommesser angezeigte Wert, wenn der Innenwiderstand des Spannungsmessers a) 1,5 kΩ, b) 1 kΩ, c) 0,5 kΩ beträgt?

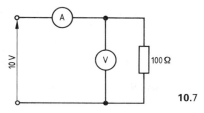

10.7

5. Welche der Meßschaltungen **10.**8a und b ist zur Ermittlung der Stromstärke durch den Widerstand 400 Ω günstiger? Begründen Sie Ihre Antwort.

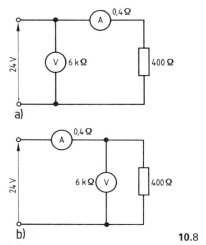

10.8

6. Welche der beiden Meßschaltungen **10.**9a und **10.**9b ist zur Ermittlung der Spannung am Widerstand 20 Ω günstiger? Begründen Sie Ihre Antwort.

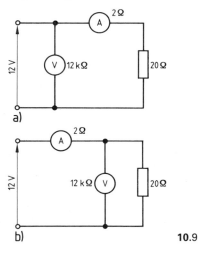

10.9

7. Der Meßbereich eines Spannungsmessers mit a) 600 Ω/V, b) 500 Ω/V, c) 700 Ω/V soll von 0 bis 60 V auf 0 bis 600 V erweitert werden. Welchen Wert muß ein Vorwiderstand haben?

8. Ein Strommesser mit dem Meßbereich 1,5 A hat den Innenwiderstand a) 0,2 Ω, b) 0,3 Ω, c) 0,4 Ω. Der Meßbereich soll auf 2,5 A erweitert werden. Wie groß muß der Wert eines Parallelwiderstands sein?

9. Ein Spannungsmesser mit dem Innenwiderstand 900 kΩ hat den Meßbereichsendwert 600 V. Der Meßbereich soll auf 1000 V erweitert werden. Welchen Wert muß ein Vorwiderstand haben? Wie groß ist die gemessene Spannung, wenn mit eingebautem Vorwiderstand der Zeiger a) 120 V, b) 230 V, c) 250 V auf der alten Skale anzeigt?

10. Der Innenwiderstand eines Strommessers mit dem Meßbereich 1,5 A beträgt 0,4 Ω. Mit dem Meßinstrument sollen Stromstärken a) bis 6 A, b) bis 4,5 A, c) 3,5 A gemessen werden. Als Parallelwiderstand soll ein Stück Kupfernickeldraht (CuNi 44) mit dem Durchmesser 0,8 mm verwendet werden. Wie lang muß der Widerstandsdraht sein?

11. Ein Spannungsmesser hat einen Meßbereich von a) 100 mV, b) 150 mV, c) 250 mV. Der Meßstrom beträgt bei Vollausschlag 2 mA. Welchen Wert muß der dem Spannungsmesser vorzuschaltende Widerstand haben, um den Meßbereich auf 600 mV zu erweitern?

12. Ein Drehspulinstrument hat 20 Ω Innenwiderstand. Bei Vollausschlag des Zeigers fließen 3 mA. Welche Meßbereiche hat das Instrument, wenn folgende Nebenwiderstände angeschlossen werden können: a) 0,04 Ω, b) 0,618 Ω, c) 1,277 Ω, d) 0,004 Ω, e) 0,008 Ω?

13. Ein Strommesser hat den Innenwiderstand 10 Ω. Der Meßbereich soll auf den 5-, 10-, 50- und 100fachen Wert erweitert werden. Welche Werte müssen die entsprechenden Nebenwiderstände haben?

111

14. Der Meßbereich eines Instruments beträgt 1,5 A, der Innenwiderstand a) 0,04 Ω, b) 0,06 Ω, c) 0,09 Ω. Als Nebenwiderstand soll Kupferdraht mit dem Querschnitt 1 mm² verwendet werden. Wie lang muß der Draht sein, wenn der Meßbereich 3 A betragen soll?

15. Ein Strommesser für a) 15 A, b) 25 A, c) 6 A mit dem Innenwiderstand 0,05 Ω erhält einen Nebenwiderstand 0,25 Ω. Auf welchen Wert ist der Meßbereich durch den Nebenwiderstand erweitert worden?
Wie groß ist die Stromstärke in der Zuleitung, wenn der Zeiger a) 12 A, b) 15 A, c) 1,8 A anzeigt?

16. Der Innenwiderstand eines Spannungsmessers beträgt a) 3 kΩ, b) 5 kΩ, c) 8 kΩ und der Meßbereich 250 V. Auf welchen Skalenwert wird der Meßbereich erweitert, wenn dem Meßwerk der Widerstand 1 kΩ vorgeschaltet wird?
Wie groß ist die gemessene Spannung, wenn der Zeiger bei eingeschaltetem Vorwiderstand 105 V anzeigt?

17. Ein Spannungsteiler besteht nach Bild **10**.10 aus den Widerständen R_1 = 2 MΩ und R_2 = a) 1,5 MΩ, b) 800 kΩ, c) 3 MΩ. Die Teilspannung an R_2 soll mit einem Spannungsmesser mit 333 Ω/V im 250-V-Bereich gemessen werden. Wie groß ist die angezeigte Spannung?
Wie groß ist die Teilspannung ohne den eingeschalteten Spannungsmesser?

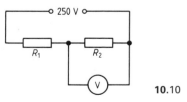

10.10

18. Das Drehspulinstrument **10**.11 hat den Innenwiderstand
a) 200 Ω, b) 250 Ω, c) 300 Ω
bei 20 °C. Der Zeiger erreicht den Meßbereichsendwert, wenn die Spannung 10 mV beträgt. Der Innenwiderstand besteht aus 150 Ω CuMn-12Ni-Draht (Manganin) und
a) 50 Ω, b) 100 Ω, c) 150 Ω
Kupferdraht für die Drehspule. Wie groß ist der Meßstrom bei vollem Zeigerausschlag, wenn infolge eines Wärmestaus die Umgebungstemperatur auf 50 °C gestiegen ist?

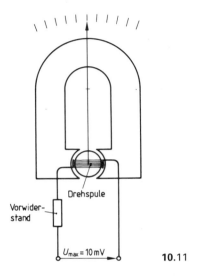

10.11

19. Bild **10**.12 zeigt ein Meßinstrument mit mehreren Vorwiderständen zur Meßbereichserweiterung. Berechnen Sie die Werte der einzelnen Vorwiderstände.

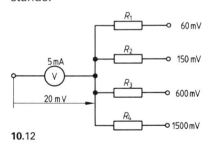

10.12

20. Der Innenwiderstand des in Bild **10**.13 dargestellten Meßinstruments beträgt 20 Ω. Der Zeiger erreicht Vollausschlag bei
a) 6 mA, b) 3 mA, c) 4 mA.
Der Nebenwiderstand R_N und der Vorwiderstand R_V haben folgende Werte:

	R_N	R_V
a)	30 Ω	88 Ω
b)	8,571 Ω	94 Ω
c)	13,33 Ω	92 Ω.

Wie groß sind der Strommeßbereich für den Anschluß an 0 und A und der Spannungsmeßbereich für den Anschluß an 0 und V?

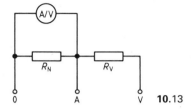

10.13

21. Der Innenwiderstand des Strommessers in Bild **10.**14 beträgt 80 Ω. Das Meßwerk erreicht vollen Zeigerausschlag, wenn die Meßspule von 5 mA durchflossen wird.
Welchen Wert müssen die Widerstände R_1 und R_2 haben für die Meßbereiche:

0 – A1	0 – A2
a) 100 mA	30 mA
b) 300 mA	60 mA
c) 500 mA	50 mA?

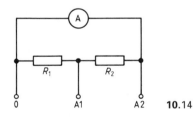

10.14

22. Der Innenwiderstand des Strommessers nach Bild **10.**15 beträgt 20 Ω. Der Zeiger erreicht Vollausschlag beim Meßstrom a) 10 mA, b) 5 mA, c) 20 mA. Durch Zuschaltung der Widerstände R_1, R_2 und R_3 soll das Meßgerät für folgende Meßbereiche einsetzbar sein: 0 – A1 = 500 mA, 0 – A2 = 100 mA und 0 – A3 = 50 mA. Berechnen Sie die Widerstandswerte von R_1, R_2 und R_3.

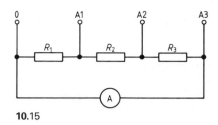

10.15

23. Zwei Spannungsmesser mit je 30 mV Meßbereich sollen in Reihe geschaltet an 60 mV jeweils Vollausschlag anzeigen (**10.**16). Der eine Spannungsmesser hat den Innenwiderstand 60 Ω, der andere a) 90 Ω, b) 120 Ω, c) 150 Ω. Was ist zu tun?

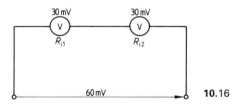

10.16

24. Die Empfindlichkeit eines Spiegelgalvanometers mit dem Innenwiderstand a) 40 Ω, b) 60 Ω, c) 100 Ω soll von $2 \cdot 10^{-9}$ A/Teilstrich auf $5 \cdot 10^{-8}$ A/Teilstrich herabgesetzt werden. Was ist zu tun?

25. Mit Hilfe einer einfachen Strom- und Spannungsmessung wird ein unbekannter Widerstand mit
a) 50 Ω, b) 120 Ω, c) 400 Ω
ermittelt. Eine genauere Messung mit Berücksichtigung des Spannungsmesserstroms ergibt den Wert:
a) 50,3 Ω, b) 121,5 Ω, c) 417 Ω.
Wie groß ist der Innenwiderstand des Spannungsmessers?

10.3 Widerstandsbestimmung

Mit dem Ohmschen Gesetz können wir den elektrischen Widerstand aus je einer Strom- und Spannungsmessung berechnen. Der Eigenverbrauch der Meßinstrumente wird durch die in die Schaltbilder **10**.17a und b eingeschriebenen Formeln berücksichtigt (s. a. Abschn. 10.2).

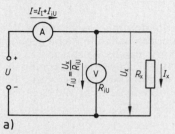 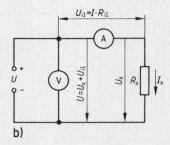

a) b)

10.17

Brückenschaltung. Die direkte Messung des Widerstands mit Hilfe der Brückenschaltung bezeichnet man als Nullverfahren (**10**.18 a). Die Brückenschaltung ist abgeglichen, wenn die Betriebsspannung in beiden Parallelzweigen im gleichen Verhältnis geteilt wird (s. a. Abschn. 4.5). Für diesen Fall gilt die Brückengleichung

$$\boxed{\frac{R_1}{R_2} = \frac{R_3}{R_4}}.$$

Bei der Schleifdrahtmeßbrücke (**10**.18 b) gilt für die abgeglichene Brücke die Formel

$$\boxed{\frac{R_x}{R_{vgl}} = \frac{l_1}{l_2}}.$$

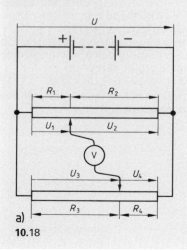 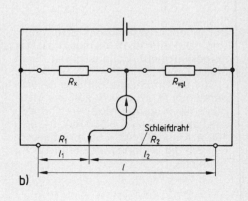

a) b)

10.18

Die Widerstandswerte von Schichtwiderständen werden oft durch Farbringe gekennzeichnet (**10.19**).

Beispiel 10.4

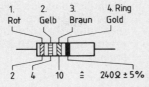

$2 \quad 4 \quad 10 \; \hat{=} \; 240\,\Omega \pm 5\%$

Tabelle 10.19 Farbringkennzeichnung der Widerstandswerte

Kenn-farbe	Widerstandswert in Ohm			Toleranz ±
	1. Ziffer	2. Ziffer	Multiplikator	
Keine	–	–	–	20 %
Silber	–	–	0,01	10 %
Gold	–	–	0,1	5 %
Schwarz	–	0	1	–
Braun	1	1	10	1 %
Rot	2	2	100	2 %
Orange	3	3	1000	–
Gelb	4	4	10000	–
Grün	5	5	100000	0,5 %
Blau	6	6	10^6	–
Violett	7	7	10^7	–
Grau	8	8	10^8	–
Weiß	9	9	10^9	–

Beispiel 10.5 Mit der angegebenen Meßschaltung **10.20** soll der Wert des Widerstands R_x bestimmt werden. Der Strommesser zeigt $I = 5{,}4$ mA an.

Lösung Der Strommesser mißt die Stromstärke durch R_x und durch den zu R_x parallelgeschalteten Spannungsmesser. Durch den Spannungsmesser fließt der Strom

$$I_{iU} = \frac{U_{iU}}{R_{iU}} = \frac{24\,\text{V}}{40\,\text{k}\Omega} = 0{,}6\,\text{mA}$$

Dann muß nach dem 1. Kirchhoffschen Gesetz durch R_x der Strom $I_x = I - I_{iU} = 5{,}4$ mA $-$ 0,6 mA $= 4{,}8$ mA fließen. Da auch der Widerstand R_x an 24 V liegt, ist sein Widerstandswert

$$R_x = \frac{U_{iU}}{I_x} = \frac{24\,\text{V}}{4{,}8\,\text{mA}} = 5\,\text{k}\Omega.$$

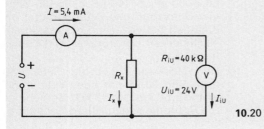

10.20

Aufgaben

1. Die Meßgeräte in der Schaltung nach Bild **10.21** zeigen folgende Werte an:
   a) 20 mA und 10 V,
   b) 12 mA und 15 V,
   c) 10 mA und 2 V.
   Der Innenwiderstand des Spannungsmessers beträgt 6 kΩ. Welchen Wert hat der Widerstand R?

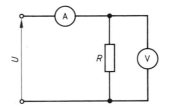

10.21

2. Die Meßgeräte in der Schaltung nach Bild **10.**22 zeigen folgende Werte an: a) 2 A und 10,2 V, b) 2 A und 23 V, c) 2 A und 52 V.
Der Innenwiderstand des Strommessers beträgt a) 0,1 Ω, b) 1,5 Ω, c) 6 Ω. Welchen Wert hat der Widerstand R?

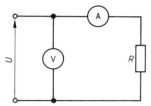

10.22

3. Mit der in Bild **10.**17a dargestellten Meßschaltung soll der Widerstand R_x bestimmt werden. Der Strommesser zeigt 0,5 A, der Spannungsmesser 10 V an. Der Innenwiderstand des Spannungsmessers beträgt a) 200 Ω, b) 150 Ω, c) 300 Ω. Er ist bei der Berechnung von R_x zu berücksichtigen.

4. Zur Bestimmung des Widerstands R_x werden die Meßgeräte nach Bild **10.**17b geschaltet. Der Spannungsmesser zeigt 20 V, der Strommesser 0,2 A an. Der Innenwiderstand des Strommessers ist a) 2 Ω, b) 1,5 Ω, c) 2,2 Ω. Er ist bei der Berechnung von R_x zu berücksichtigen.

5. Der Strommesser in der Meßschaltung nach Bild **10.**17a zeigt a) 3,6 A, b) 6,6 A, c) 12,6 A an. Der Spannungsmesser mit dem Innenwiderstand 100 Ω zeigt 60 V an. Um wieviel Prozent wird die Berechnung des Widerstandswerts R_x verfälscht, wenn die Innenwiderstände der Meßgeräte nicht berücksichtigt werden?

6. Der Spannungsmesser in der Meßschaltung nach Bild **10.**17b zeigt 24 V. Innenwiderstand R_i und Anzeige des Strommessers betragen:

	R_i	Anzeige
a)	0,6 Ω	1,165 A
b)	4 Ω	1 A
c)	2 Ω	1,09 A

Um wieviel Prozent wird das Berechnungsergebnis für den Widerstand R_x verfälscht, wenn der Innenwiderstand des Strommessers unberücksichtigt bleibt?

7. Ein Vielfachinstrument soll als Ohmmeter eingesetzt werden. Folgende Werte sind bekannt: Meßwerkwiderstand 50 Ω, Vorwiderstand 2,95 kΩ. Vollausschlag des Zeigers bei 0,5 mA, Batteriespannung 1,5 V. Ergänzen Sie die 30er-Skalenteilung des Instruments nach Bild **10.**23 mit einer Ohmteilung.

10.23

8. Eine Ölflammenüberwachung arbeitet mit Kaltkatodenröhre (Relaisröhre). Die Starterzündspannung U_2 wird nach Bild **10.**24 am Fotowiderstand abgegriffen und beträgt a) 90 V, b) 85 V, c) 95 V. Bei welchem Widerstandswert des Fotowiderstands wird die Röhre zünden?

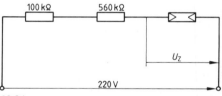

10.24

9. Der Kondensator im Zeitglied eines elektronischen Reglers hat die Kapazität a) 50 µF, b) 100 µF, c) 25 µF. Wieviel Ohm muß das Potentiometer im Zeitglied haben, wenn die maximale Nachstellzeit (Zeitkonstante) 12 s betragen soll?

10. Der Widerstand R_4 in der Schaltung nach Bild **10.**25 hat den Widerstand a) 4 kΩ, b) 3 kΩ, c) 12 kΩ. Berechnen Sie R_x für die abgeglichene Schaltung.

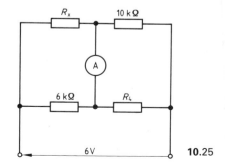

10.25

11. Mit der in Bild **10.26** dargestellten Brückenschaltung soll der Widerstand R_x bestimmt werden. Die übrigen Widerstände haben folgende Werte:
  a) $R_1 = 8\,\Omega$ $R_2 = 4\,\Omega$ $R_3 = 12\,\Omega$
  b) $R_1 = 4\,\Omega$ $R_2 = 2\,\Omega$ $R_3 = 6\,\Omega$
  c) $R_1 = 12\,\Omega$ $R_2 = 6\,\Omega$ $R_3 = 8\,\Omega$

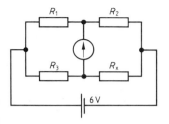

10.26

12. Die Brückenschaltung **10.27** soll durch den Widerstand R_x abgeglichen werden. Die übrigen Widerstände haben folgende Werte:
  a) $R_1 = 3\,\Omega$ $R_2 = 6\,\Omega$ $R_3 = 1\,\Omega$ $R_4 = 3\,\Omega$
  b) $R_1 = 12\,\Omega$ $R_2 = 6\,\Omega$ $R_3 = 4\,\Omega$ $R_4 = 12\,\Omega$
  c) $R_1 = 9\,\Omega$ $R_2 = 6\,\Omega$ $R_3 = 2\,\Omega$ $R_4 = 6\,\Omega$

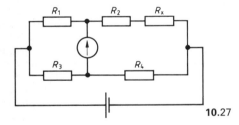

10.27

13. Welchen Wert hat der Widerstand R_x der in Bild **10.28** gezeigten abgeglichenen Brückenschaltung (Schleifdraht-Meßbrücke), wenn der Vergleichswiderstand R_{vgl} = a) $10\,\Omega$, b) $100\,\Omega$, c) $1000\,\Omega$ hat und das Längenverhältnis der Schleifdrahtabschnitte $l_1:l_2 = 3:2$ beträgt?

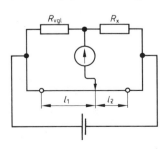

10.28

14. Bestimmen Sie die Widerstandswerte der Schichtwiderstände mit der Farbkennzeichnung:
  a) braun-schwarz-schwarz;
  b) braun-schwarz-rot;
  c) orange-orange-orange;
  d) grün-blau-gelb;
  e) grau-rot-grün;
  f) weiß-grau-blau;
  g) blau-gelb-violett;
  h) rot-gelb-orange.

15. Welche Farbringe haben folgende Widerstände: a) $57\,\Omega$, b) $470\,\Omega$, c) $1,5\,k\Omega$, d) $22\,k\Omega$, e) $68\,k\Omega$, f) $720\,k\Omega$ und g) $3,5\,M\Omega$?

16. Eine Rundspule mit dem mittleren Windungsdurchmesser a) 40 mm, b) 60 mm, c) 50 mm hat 3400 Windungen aus Kupferdraht mit dem Durchmesser 0,4 mm.
Bestimmen Sie den Widerstand der Spule.

17. Eine Rolle blanker Kupferdraht mit a) 0,6 mm, b) 0,5 mm, c) 0,4 mm Durchmesser hat die Masse 10 kg. Wieviel Meter Draht sind auf der Rolle, und wie groß ist der Widerstand?

18. Aus 30 Meter Kupfer-Nickel-Draht mit dem Durchmesser a) 1,38 mm, b) 0,98 mm, c) 0,8 mm wird ein Abgleichwiderstand hergestellt. Wieviel Ohm hat dieser Widerstand?

19. Die Brückenschaltung nach Bild **10.29** ist abgeglichen, wenn sich die Teillängen am Schleifdraht $l_1:l_2$ verhalten wie a) 1,5:2,8, b) 3:4, c) 5:8. Wie groß ist der Widerstandswert R_x?

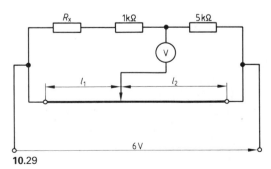

10.29

20. Die Brückenschaltung nach Bild **10.**30 hat vier Normalwiderstände mit 0,1 Ω, 1 Ω, 10 Ω und 100 Ω. Abgeglichen ist die Schaltung bei $l_1:l_2 = 3{,}5:2$. Berechnen Sie für diesen Abgleich die Größe der jeweiligen Widerstände R_x.

22. Die in Bild **10.**32 dargestellte Brückenschaltung soll durch den Widerstand R_x abgeglichen werden. Für die Herstellung des Widerstands steht CuNi44-Draht mit dem Querschnitt a) 0,5 mm², b) 0,2 mm², c) 0,3 mm² zur Verfügung.
Wieviel Meter Widerstandsdraht sind erforderlich?

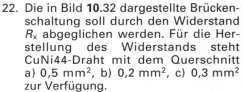

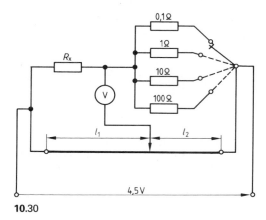

10.30

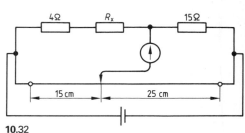

10.32

21. Die Brückenschaltung nach Bild **10.**31 besteht aus drei CuMn12Ni-Widerständen und einem temperaturabhängigen Widerstand aus Kupferdraht. Die Schaltung ist bei 0 °C abgeglichen und nimmt an 6 V die Stromstärke 50 mA auf. Wie groß ist in diesem Fall jeder Widerstand?

Welchen Wert hat der temperaturabhängige Widerstand, wenn die Temperatur auf a) 20 °C, b) 25 °C, c) 30 °C gestiegen ist? Wie groß ist jetzt der Brückenstrom durch den Spannungsmesser mit dem Innenwiderstand 100 Ω?

23. Um die Erdschlußstelle eines zweiadrigen Kabels mit der Länge a) 5 km, b) 3,6 km, c) 14,8 km zu ermitteln, wird eine Brückenschaltung nach Bild **10.**33 hergestellt. Der Brückenabgleich ist erreicht, wenn sich die Schleifdrahtabschnitte l_1 und l_2 verhalten wie a) 32 cm : 68 cm, b) 87 cm : 13 cm, c) 13 cm : 87 cm. Wie groß ist die Entfernung l_x vom Kabelanfang bis zur Erdschlußstelle?

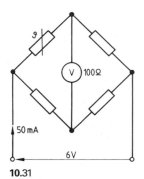

10.31

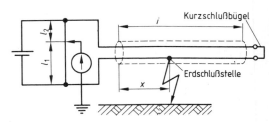

10.33

10.4 Leistungs- und Arbeitsmessung

Die **elektrische Leistung** ist das Produkt aus Spannung und Stromstärke. Sie kann daher aus je einer Spannungs- und Strommessung bestimmt werden. Direkt werden elektrische Leistungen mit Leistungsmessern bestimmt (das sind Meßgeräte mit einem elektrodynamischen Meßwerk). Solche Meßwerke haben einen Strompfad und einen Spannungspfad (**10.34**). Beide Meßpfade verursachen, wie Strom- und Spannungsmesser, Leistungsverluste.

Meßgeräte zur Messung der **elektrischen Arbeit** (Kilowattstundenzähler) messen das Produkt aus Leistung und Zeit. Sie haben wie Leistungsmesser ein Triebwerk mit Spannungs- und Strompfad (**10.35**). Die Drehbewegung der eingebauten Zählerscheibe wird auf ein Zählwerk übertragen.

Mit Zählern läßt sich auch die elektrische Leistung von Verbrauchern bestimmen.

$$P = \frac{n_z}{k}$$

P in kW
n_z Drehzahl der Zählerscheibe in 1/h oder h^{-1}
k Zählerkonstante in 1/kWh oder kWh^{-1}

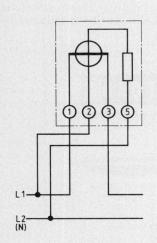

10.34

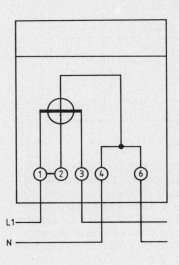

10.35

Beispiel 10.6   Zur Bestimmung der Leistungsaufnahme P eines Heizofens wird das Gerät über einen Einphasenzähler mit der Zählerkonstanten $k = 1200$ kWh^{-1} an $U = 220$ V angeschlossen. Dabei macht die Zählerscheibe in zwei Minuten 78 Umdrehungen.
Wie groß ist die Leistungsaufnahme?

Lösung   In einer Stunde macht die Zählerscheibe

$$n_z = 78 \cdot \frac{60}{2} = 2340 \text{ Umdr.}$$

$$P = \frac{n_z}{k} = \frac{2340 \text{ h}^{-1}}{1200 \text{ kWh}^{-1}} = \mathbf{1{,}95 \text{ W}}$$

Aufgaben

1. Die Widerstände des Strom- und Spannungspfads in einem Leistungsmesser betragen a) 0,06 Ω, und 2 kΩ, b) 0,04 Ω und 2 kΩ, c) 0,08 Ω und 2 kΩ. Wie groß ist der Eigenverbrauch des Meßgeräts, wenn bei der Meßspannung 220 V durch die Stromspule 5 A fließen?

2. Die Leistungsaufnahme eines Heizwiderstands wird nach Bild **10.**36 auf zwei verschiedene Arten gemessen. Während der Messung zeigen die Meßgeräte folgende Werte an:
   a) 218 V; 4,6 A; 1050 W,
   b) 218 V; 6,88 A; 1550 W,
   c) 218 V; 8,26 A; 1850 W.
   Wie groß ist die Leistungsaufnahme des Heizofens? Warum weichen die Meßergebnisse voneinander ab?

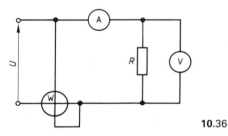

10.36

3. Die Leistungsaufnahme eines elektrischen Heizofens für 220 V und 3 kW soll überprüft werden. Die Messung erfolgt mit einem Kilowattstundenzähler und einer Uhr. Nach Einschalten des Ofens werden in drei Minuten a) 83, b) 88, c) 93 Zählerscheibenumdrehungen gezählt. Die Zählerkonstante ist mit 600 Umdr./kWh angegeben. Wie groß ist die tatsächliche Leistungsaufnahme des Motors? Um wieviel Prozent weicht sie von der Nennleistungsangabe ab?

4. Unter welcher Voraussetzung kann ein Leistungsmesser beschädigt werden (Überlastung), obwohl der Zeiger noch nicht den Meßbereichsendwert anzeigt?

5. Die Leistungsaufnahme einer Glühlampe soll mit Hilfe eines Zählers bestimmt werden. Die Zählerkonstante ist a) 1800 kWh^{-1}, b) 1200 kWh^{-1}, c) 600 kWh^{-1}.
   Für eine Zählerscheibenumdrehung werden bei eingeschalteter Glühlampe a) 26,7 s, b) 40 s, c) 80 s festgestellt. Wie groß ist die Leistungsaufnahme der Lampe?

6. Ein Zähler, dessen Zählerscheibe entsprechend der Leistungsschildangabe 1800 Umdrehungen je Kilowattstunde machen soll, wird geprüft. Bei der Belastung mit 1600 W werden in einer Minute a) 45 Umdrehungen, b) 46 Umdrehungen, c) 48 Umdrehungen gezählt. Wie groß ist der Fehler des Zählers in Prozent?

7. Bild **10.**37 zeigt die Frontplatte eines Wechselstrom-Kilowattstundenzählers. In welcher Zeit macht die Zählerscheibe 600 Umdrehungen, wenn ein Verbraucher mit der Stromaufnahme a) 8 A, b) 5,46 A, c) 4,54 A angeschlossen ist?

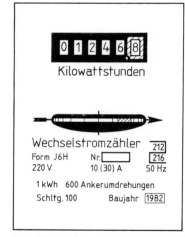

10.37

8. Die Zählerkonstante eines Kilowattstundenzählers soll geprüft werden. Ein angeschlossener Verbraucher nimmt an 220 Volt die Stromstärke a) 6,82 A, b) 4,54 A, c) 5,45 A auf. Bei der Prüfung macht die Zählerscheibe in zwei Minuten
a) 60 Umdrehungen, b) 60 Umdrehungen, c) 24 Umdrehungen.
Welche Zählerkonstante ergibt sich aus der Berechnung?

9. Ein Stellwiderstand mit 470 Ω wird zur Prüfung eines Zählers an 220 V angeschlossen. Es wird festgestellt, daß bei der angegebenen Zählerkonstanten von
a) 600 kWh^{-1}, b) 1800 kWh^{-1}, c) 1200 kWh^{-1}
für eine Zählerscheibenumdrehung
a) 64 s, b) 180 s, c) 130 s
nötig sind. Wie groß ist der prozentuale Fehler des Zählers, bezogen auf den Sollwert?

10. Für die Belastung eines Gleichstromgenerators
a) 3 kW und 220 V,
b) 2 kW und 220 V,
c) 1,5 kW und 220 V
stehen Drahtwiderstände mit 115 Ω/ 3 A zur Verfügung. Mit welcher Leistung ist der Generator belastet, wenn a) 7, b) 5, c) 4 Widerstände parallel an die Anschlußklemmen A1 und A2 angeschlossen werden?

Stellen Sie den prozentualen Fehler eines Leistungsmessers fest, der während der Messung
a) 2800 W, b) 2050 W, c) 1620 W
anzeigt, bezogen auf den angezeigten Wert.

11. Auf einem Zähler findet man die Angabe: 1200 Ankerumdrehungen $\triangleq$ 1 kWh. Wie groß ist der Anschlußwert einer angeschlossenen Bügelmaschine, wenn sich die Zählerscheibe in zwei Minuten a) 78mal, b) 51mal, c) 99mal gedreht hat?

10.5 Messen mit dem Oszilloskop

Schnell veränderliche Vorgänge werden mit dem Elektronenstrahl-Oszilloskop sichtbar gemacht. Der Elektronenstrahl wird durch eine elektrische Spannung abgelenkt.

x-**Ablenkung,** Zeitbasis. Die horizontale Ablenkung des Elektronenstrahls von links nach rechts auf der *x*-Achse (**10.38**) erfolgt bei den meisten Messungen durch eine intern erzeugte Triggerspannung. Die kalibrierten Zeitablenkfaktoren (-koeffizienten) A_x werden mit einem mehrstufigen Schalter – Zeitbasis – eingestellt. Die Zeitablenkfaktoren gibt man in Zeit je Rastereinheit, TIME/DIV. – z. B. 0,5 s/cm an. Die Zeitdauer t eines Signals ist dann

$$t = l_x \cdot A_x.$$

t Zeitdauer des Signals in s
l_x Länge des Signals auf dem Bildschirm in cm
A_x Zeitablenkfaktor in s/cm

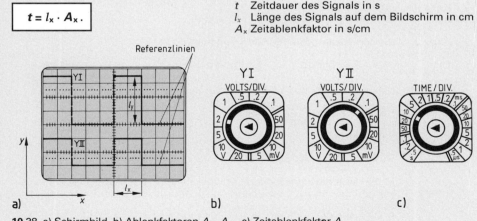

10.38 a) Schirmbild, b) Ablenkfaktoren A_{yI}, A_{yII}, c) Zeitablenkfaktor A_x

y-Ablenkung, Spannungsmessung. Die Größe der an der y-Buchse liegenden Signalspannung lenkt den Elektronenstrahl in vertikaler Richtung auf der y-Achse ab. Der Ablenkfaktor A_y wird mit dem Eingangsteiler Spannung je Rastereinheit, VOLTS/DIV. eingestellt. Die Größe des Signals u berechnet man aus der Bildhöhe l_y des Signals, gemessen von der Referenzlinie ($u = 0$).

$$u = l_y \cdot A_y$$

u Größe der Signalspannung in V
l_y Höhe des Signals auf dem Bildschirm in cm
A_y Ablenkfaktor in V/cm

Bei großen Spannungen ist ein Tastteiler (z. B. 10:1) vorzuschalten, der die zu messende Spannung verringert dem Y-Eingang des Oszilloskops zuführt.

Viele handelsübliche Oszilloskope haben mehrere Kanäle (z. B. mit den Eingängen YI und YII). Die zugehörigen Ablenkfaktoren A_{yI} und A_{yII} sind getrennt einstellbar (**10.38 b**).

Strommessung. Alle darzustellenden Meßgrößen müssen in eine entsprechende Spannung umgeformt werden. Den Stromverlauf bildet man durch den proportionalen Spannungsfall u_i an einem bekannten Meßwiderstand R_m ab. Für die Stromstärke gilt dann:

$$i = \frac{u_i}{R_m}$$

i Stromstärke in A
u_i Spannungsfall am Meßwiderstand in V
R_m Meßwiderstand in Ω

Beispiel 10.7 Am Lastwiderstand R_L (**10.39**) liegt pulsierende Gleichspannung. Strom und Spannung werden nach der Schaltung oszilloskopiert. Das Schirmbild mit den zugehörigen Einstellungen zeigt Bild **10.38**. Die Spannung wird über einen Tastteiler 10:1 dem Eingang YI zugeführt. Der dem Strom proportionale Spannungsfall u_i am Meßwiderstand $R_m = 1\,\Omega$ wird durch Kanal YII abgebildet.

Wie groß sind Spannung u, Stromstärke i, Impulsdauer t und Wert des Lastwiderstands R?

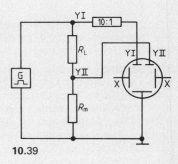

10.39

Lösung

$$u = l_y \cdot A_{yI} \cdot \frac{10}{1} = 4{,}5\,\text{cm} \cdot 2\,\frac{\text{V}}{\text{cm}} \cdot 10 = \mathbf{90\,V}$$

Die dem Strom proportionale Spannung ist

$$u_i = l_y \cdot A_{yII} = 2\,\text{cm} \cdot 0{,}1\,\frac{\text{V}}{\text{cm}} = 0{,}2\,\text{V} \quad \text{und damit} \quad i = \frac{u_i}{R_m} = \frac{0{,}2\,\text{V}}{1\,\Omega} = \mathbf{0{,}2\,A.}$$

Die Impulsdauer ist die Zeit, in der der Spannungsimpuls vorhanden ist.

$$t = l_x \cdot A_x = 2\,\text{cm} \cdot 10\,\frac{\text{ms}}{\text{cm}} = \mathbf{20\,ms}$$

Der Widerstand

$$R = \frac{u}{i} = \frac{90\,\text{V}}{0{,}2\,\text{A}} = \mathbf{450\,\Omega}$$

ist der Gesamtwiderstand aus Lastwiderstand R_L und Meßwiderstand R_m, der viel geringer als der Lastwiderstand ist. Mit ausreichender Genauigkeit können wir rechnen
$R_L = R = \mathbf{450\,\Omega}$.

XY-Betrieb. Zur Darstellung von Kennlinien wird das Oszilloskop im XY-Betrieb genutzt. Dazu wird bei heute üblichen Geräten die Taste X-Y betätigt. Das X-Signal wird über den Eingang YII den x-Platten zugeführt. Der Eingangsteiler von Kanal II wird für die Amplitudeneinstellung in x-Richtung benutzt. In Beispiel 10.8 ist eine Diodenkennlinie dargestellt, deren Strom auf der y-Achse (Eingang YI) in Abhängigkeit von der Spannung auf der x-Achse (Eingang YII) dargestellt ist. Bei dieser Schaltung ist das Stromsignal durch Betätigung der Taste INVERT umgepolt, damit die Kennlinie in der üblichen Darstellung erscheint.

Beispiel 10.8   Bild **10.40** zeigt Meßschaltung und Darstellung einer Diodenkennlinie. Die Ablenkfaktoren betragen $A_{YI} = 1$ V/cm, $A_{YII} = 0{,}2$ V/cm, der Meßwiderstand beträgt 100 Ω. Wie groß ist der Widerstand der Diode in Durchlaßrichtung im Arbeitspunkt A?

Lösung   Im Arbeitspunkt sind die Spannung $u = l_x \cdot A_{YII} = 3{,}4$ cm $\cdot$ 0,2 V/cm = 0,68 V und die Stromstärke

$$i = \frac{u_i}{R_m} = \frac{l_y \cdot A_{YI}}{R_m} = \frac{2 \text{ cm} \cdot 1 \text{ V/cm}}{100 \text{ Ω}} = 0{,}02 \text{ A}.$$

Der Widerstand der Diode (Gleichstromwiderstand) wird berechnet aus der Spannung und dem Strom.

$$R = \frac{u}{i} = \frac{0{,}68 \text{ V}}{0{,}02 \text{ A}} = \mathbf{34 \text{ Ω}}$$

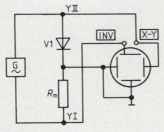 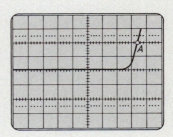

10.40

Aufgaben

1. Die Bildhöhe einer mit dem Oszilloskop dargestellten Gleichspannung beträgt a) 3,2 cm, b) 4,5 cm, c) 2,8 cm. Welchen Betrag hat die gemessene Spannung, wenn der Ablenkfaktor 20 V/cm eingestellt ist?

2. Die Gleichspannung a) 1,5 V, b) 6 V, c) 30 mV soll auf dem Oszilloskopbildschirm mit der Bildhöhe 3 cm dargestellt werden. Welcher Ablenkfaktor ist am Abschwächer nach Bild **10.38** einzustellen?

3. Die Gleichspannung 230 V wird über einen Tastteiler 10:1 abgegriffen und mit dem Oszilloskop dargestellt. Der eingestellte Ablenkfaktor beträgt a) 20 V/cm, b) 10 V/cm, c) 5 V/cm. Wie groß ist die Bildhöhe?

4. Welche maximale Spannung kann mit dem Oszilloskop nach Bild **10.38** dargestellt werden bei Ausnutzung der a) halben Bildschirmhöhe, b) vollen Bildschirmhöhe, c) vollen Bildschirmhöhe und zusätzlicher Verwendung des Tastteilers 10:1?

5. Wie lange wandert der Elektronenstrahl von der linken bis zur rechten Bildschirmkante des Oszilloskopbildschirms nach Bild **10.38**, wenn die Zeitbasis auf a) 0,1 ms/cm, b) 50 µs/cm, c) 2 µs/cm eingestellt ist?

6. Eine Wechselspannung mit der Frequenz a) 16 $^2/_3$ Hz, b) 66 $^2/_3$ kHz, c) 33 $^1/_3$ Hz soll mit einer Periode über 3 cm auf dem Oszilloskopbildschirm nach Bild **10.38** dargestellt werden. Auf welchen Wert ist die Zeitbasis einzustellen?

7. Ein Oszilloskop zeigt den Gleichspannungsimpuls (**10.41**). Der Abschwächer und die Zeitbasis befinden sich jeweils auf den Stellen a), b), c).

   Wie groß sind Betrag und Dauer des Spannungsimpulses?

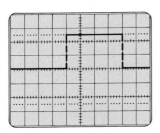

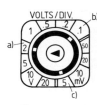 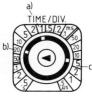

10.41

8. Über den Meßwiderstand a) 1 Ω, b) 2 Ω, c) 5 Ω wird eine dem Strom proportionale Spannung u_i oszilloskopiert. Mit dem eingestellten Ablenkfaktor 20 mV/cm wird die Bildhöhe 1,8 cm gemessen. Wie groß ist die Stromstärke?

9. Ein Gleichspannungsimpuls von 5 V und der Impulsdauer 3 μs wird auf die Reihenschaltung des Lastwiderstands 68 Ω und des Meßwiderstands 1 Ω gegeben. Die Einsteller des Zweikanaloszilloskops stehen auf A_{yI} = 2 V/cm, A_{yII} = 50 mV/cm und A_x = 0,5 μs/cm. Skizzieren Sie maßstäblich die Spannungs- und Stromdarstellungen auf dem Bildschirm für die Schaltungen a) **10.42**, b) **10.43**, c) **10.43** mit Invertierung von Kanal II.

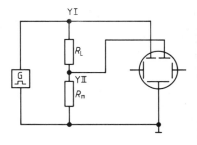

10.42

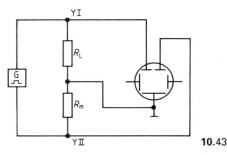

10.43

10. Mit der Schaltung **10.42** werden die Schirmbilder nach Bild **10.44** mit den dargestellten Einstellungen der Ablenkfaktoren ermittelt. Der Eingang YII ist invertiert.

    Wie groß ist der Lastwiderstand R_L, wenn der Meßwiderstand a) 10 Ω, b) 33 Ω, c) 47 Ω beträgt?

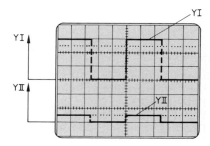

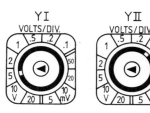

10.44

11. Bild **10.**45 zeigt eine sinusförmige Wechselspannung, die mit dem Zeitablenkfaktor A_x = 2 ms/cm und mit dem Ablenkfaktor A_y = a) 10 V/cm, b) 2 V/cm, c) 5 V/cm aufgenommen wurde. Dem Y-Eingang war ein Tastteiler 10:1 vorgeschaltet.
Wie groß sind Scheitelwert, Spitze-Spitze-Wert und Frequenz der Wechselspannung?

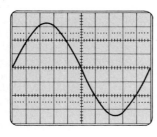

10.45

12. Am Meßwiderstand a) 1 Ω, b) 5 Ω, c) 12 Ω wurde mit A_y = 0,2 V/cm und A_x = 0,5 ms/cm die Oszilloskopdarstellung **10.**46 aufgenommen.
Wie groß sind Scheitelwert, Spitze-Spitze-Wert und Frequenz des Wechselstroms?
Welche Leistung entsteht am Meßwiderstand?

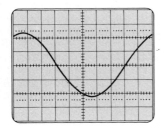

10.46

13. Das Oszillogramm zweier Wechselspannungen und die Einstellung der Ablenkfaktoren zeigt Bild **10.**47.
    a) Wie groß sind Frequenz und Effektivwert der Wechselspannungen?
    b) Wie groß ist der Phasenwinkel zwischen den Spannungen?

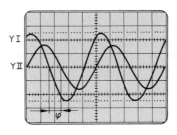

10.47

YI
VOLTS/DIV.

YII
VOLTS/DIV.

TIME/DIV.

14. Bestimmen Sie die Frequenz, den arithmetischen Mittelwert und den Effektivwert der Rechteck-Wechselspannung **10.**48, die mit dem Zeitablenkfaktor a) 1 µs/cm, b) 50 µs/cm, c) 0,2 ms/cm und A_y = 0,2 V/cm aufgenommen wurde.

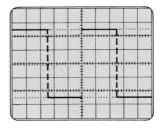

10.48

15. Wie lang ist die Periodendauer, wie groß sind Tastgrad und Gleichspannungsanteil der Rechteck-Spannungspulse **10.**49, wenn A_x = 0,5 ms/cm und A_y = a) 50 mV/cm, b) 0,2 V/cm, c) 2 V/cm betragen?

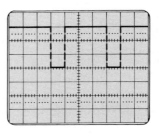

10.49

16. Die Sägezahnspannung **10**.50 wurde mit $A_y = 0{,}5$ V/cm und dem Zeitablenkfaktor a) 0,1 ms/cm, b) 50 µs/cm, c) 0,2 ms/cm oszilloskopiert. Berechnen Sie die Anstiegszeit t_r, die Abfallzeit t_f, die vordere Flankensteilheit S_r und die hintere Flankensteilheit S_f.

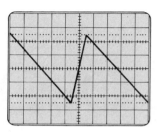

10.50

17. Mit der Schaltung **10**.51 a) wird im XY-Betrieb die Widerstandskennlinie von Ohmschen Widerständen dargestellt. Der Meßwiderstand hat 1 Ω, die eingestellten Ablenkfaktoren betragen $A_{yI} = 0{,}2$ V/cm und $A_{yII} = 2$ V/cm. Erläutern Sie, welche Größen mit Kanal YI und Kanal YII aufgenommen werden. Berechnen Sie die Widerstände R_x für die Kennlinien a, b, und c nach Bild **10**.51 b.

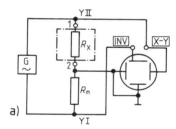

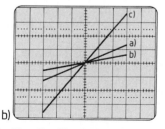

10.51

18. Ein Oszilloskop zeigt auf dem Bildschirm die Mischspannung **10**.52. Berechnen Sie die Periodendauer und den arithmetischen Mittelwert der Spannung, die mit der Zeitablenkung 5 µs/cm und dem Ablenkfaktor a) 0,2 V/cm, b) 0,5 V/cm, c) 2 V/cm aufgenommen wurde.

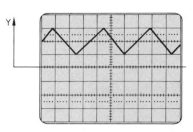

10.52

19. In der Schaltung **10**.51 a ist statt R_x an die Klemmen 1 und 2 eine Z-Diode angeschlossen. Im XY-Betrieb wird das Bild **10**.53 oszilloskopiert. Wie groß sind die Spannungen der Z-Diode in Sperr- und Durchlaßrichtung? Welche Strom-Scheitelwerte fließen in Sperr- und Durchlaßrichtung?

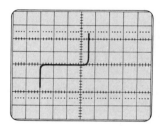

$R_m = 47\,\Omega$
$A_{yI} = 5$ V/cm
$A_{yII} = 2$ V/cm

10.53

20. Die Widerstandskennlinie eines VDR-Widerstands zeigt Bild **10**.54. Sie wurde nach Schaltung **10**.51 a im XY-Betrieb aufgenommen. Berechnen Sie den Widerstandswert (Gleichstromwiderstand) für die Spannung a) 4,2 V, b) 5 V, c) 6 V. Zeichnen Sie die Widerstandskennlinie für den Fall, daß Kanal YI nicht invertiert wird.

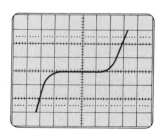

$R_m = 330\,\Omega$
$A_{yI} = 1$ V/cm
$A_{yII} = 2$ V/cm

10.54

11 Einführung in die Elektronik

Fast alle in der Elektrotechnik verwendeten Widerstände ändern ihren Widerstandswert unter dem Einfluß physikalischer Größen. Dabei spielt ganz besonders die Temperatur eine Rolle.

11.1 Stromrichtungsunabhängige Widerstände

Nach ihrem Temperaturverhalten unterscheidet man lineare und nichtlineare Widerstände.

Lineare Widerstände (Ohmsche Widerstände). Das Spannungs-Strom-Verhalten dieser Widerstände ist linear, der Temperaturkoeffizient (in der Literatur oft TK genannt) α gering und in einem weiten Temperaturbereich konstant. Zu den linearen Widerständen gehören u. a. Drahtwiderstände, Metallschichtwiderstände und Kohleschichtwiderstände (**11.1**).

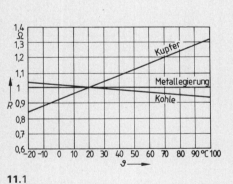

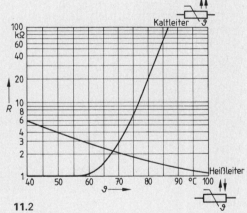

11.1   11.2

Nichtlineare Widerstände. Das Spannungs-Strom-Verhalten ist nicht linear. Je nach Abhängigkeit von äußeren Einflußgrößen unterscheidet man **Kaltleiter**, bei denen der Widerstand mit steigender Temperatur größer wird, und **Heißleiter**, bei denen der Widerstand mit steigender Temperatur abnimmt (**11.2**).

Beispiel 11.1 Berechnen Sie aus der Kaltleiterkennlinie **11.2** für den Temperaturbereich von 75 °C bis 80 °C den mittleren Temperaturkoeffizienten α.

Lösung Aus der Kennlinie läßt sich ablesen, daß der Widerstand des Kaltleiters bei 75 °C etwa 7 kΩ und bei 80 °C etwa 20 kΩ beträgt. Damit ist die Widerstandsänderung $\Delta R = 13$ kΩ.
Die Gleichung $\Delta R = \alpha \cdot R_k \cdot \Delta \vartheta$ wird nach α umgestellt.

$$\alpha = \frac{\Delta R}{R_k \cdot \Delta \vartheta} = \frac{13 \text{ k}\Omega}{7 \text{ k}\Omega \cdot 5 \text{ K}} = 0{,}371 \text{ K}^{-1}$$

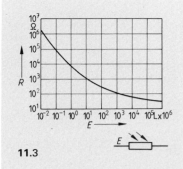

11.3

Fotowiderstände (LDR) gehören zu den Bauelementen, deren Widerstandswerte sich mit der Intensität des auftreffenden Lichts (Beleuchtungsstärke E) ändern. Den typischen Verlauf der Kennlinie zeigt Bild **11.3**.

Spannungsabhängige Widerstände (VDR), auch Varistoren genannt, gehören zu den Bauelementen, deren Widerstandswerte sich mit der Spannung verändern. Eine Kennlinie in einem logarithmisch geteilten Diagramm zeigt Bild **11.4**.

Feldplatten (MDR) ändern ihren Widerstandswert unter dem Einfluß eines Magnetfelds (magnetische Flußdichte B in Tesla). Bei dieser Abhängigkeit geht man von einem Grundwiderstand R_0 aus; es erfolgt keine magnetische Einwirkung. R_B ist dann der Widerstand mit Einwirkung eines Magnetfelds. In der senkrechten Achse wird das Verhältnis R_B/R_0 aufgetragen. Man unterscheidet bei Feldplatten D-, L- und N-Material. Den typischen Kennlinienverlauf zeigt Bild **11.5**.

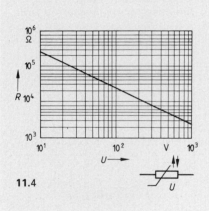

11.4

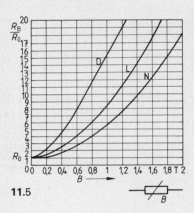

11.5

Aufgaben

1. Berechnen Sie nach den abgelesenen Werten der Heißleiterkennlinie **11.2** die mittlere Widerstandsänderung in $\Delta R/K$ im Bereich zwischen 50 °C und 60 °C.

2. Zeichnen Sie die Kennlinie des Heißleiters **11.2** für den Temperaturbereich 40° bis 80 °C in linearem Maßstab.

3. Ermitteln Sie aus der Heißleiterkennlinie **11.2** den mittleren Temperaturkoeffizienten (TK) für die Temperaturbereiche 40 °C bis 50 °C, 50 °C bis 60 °C, 60 °C bis 70 °C und 70 °C bis 80 °C.

4. Ein Heißleiter wird an eine veränderliche Spannung gelegt und die Stromaufnahme gemessen.
Die Meßreihe ergab folgende Werte:

U in V	0,5	1,0	1,5	2,0
I in mA	0,1	0,2	0,3	0,42
U in V	2,5	3,0	3,5	4,0
I in mA	0,55	0,7	0,97	1,4

Zeichnen Sie für diesen Bereich die Spannungs-Strom-Kennlinie.

5. Ermitteln Sie aus der Kennlinie des Kaltleiters **11.**2 für den Temperaturbereich 55 °C bis 80 °C die Temperatur-Widerstands-Abhängigkeit. Fassen Sie die Ergebnisse in einer Wertetabelle zusammen und zeichnen Sie die Kennlinie mit linearer Achseneinteilung.

6. Berechnen Sie für den Kaltleiter **11.**2 in Temperaturdifferenzen von jeweils 5 K zwischen 50 °C und 80 °C die mittlere Widerstandsänderung je Kelvin und den dazugehörigen Temperaturkoeffizienten.

7. Kaltleiter eignen sich gut als Überstromschutz in elektrischen Geräten. Bild **11.**6 zeigt die Schaltzeit eines Kaltleiters in Abhängigkeit von der Stromstärke. Zeichnen Sie diese Kennlinie um in eine solche mit doppel-logarithmischer Teilung.

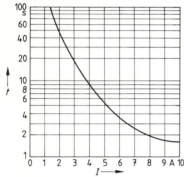

11.6

8. Für einen begrenzten Spannungsbereich (z. B. 0 V bis 20 V) kann für einen LDR-Widerstand eine lineare Spannungs-Strom-Abhängigkeit angenommen werden, wenn sich die Temperatur nicht ändert. Ermitteln Sie diese Abhängigkeit als Widerstandsgerade für die Beleuchtungsstärken 1000 lx, 500 lx und 100 lx entsprechend der Kennlinie **11.**3.

9. Zeichnen Sie die Kennlinie des VDR-Widerstands **11.**4 für den Bereich von 10 V bis 100 V um in eine Kennlinie mit linearer Achsenteilung.

10. Zeichnen Sie für das N-Material der Feldplatte **11.**5 die Kennlinie mit einer logarithmisch geteilten senkrechten Achse.

11. Ein spannungsabhängiger Widerstand hat die in Bild **11.**7 dargestellte Strom-Spannungs-Kennlinie. Daraus erkennt man, daß sein Gleichstromwiderstand mit zunehmender Spannung abnimmt. Wie groß ist der Widerstand bei 2 V 3 V 4 V 5 V 6 V 7 V 8 V 9 V 10 V? Die berechneten Widerstandswerte sind in Abhängigkeit von der Spannung durch eine Kennlinie mit den Maßstäben 0,1 V/mm und 10 Ω/mm darzustellen.

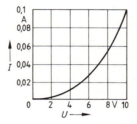

11.7

12. Die Strom-Spannungs-Kennlinie eines Eisen-Wasserstoff-Widerstands mit der Aufschrift 3 bis 9 V/0,1 A soll mit der Schaltung nach Bild **11.**8 aufgenommen werden.
Die Messungen ergeben folgende Wertepaare:

U in V	0,5	1	1,5	2	2,5	3	3,5	4	4,5
I in mA	39	61	73	80	83	85	86	87	88
U in V	5	5,6	6	6,5	7	7,5	8	8,5	9
I in mA	89	89	89	89	89	90	91	93	96

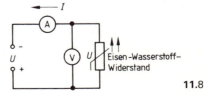

11.8

Zeichnen Sie die Kennlinie. Welche Schlüsse kann man aus ihrem Verlauf ziehen?

Werden nichtlineare Widerstände mit anderen Widerständen in Reihe oder parallelgeschaltet, läßt sich der Gesamtwiderstand in der Regel nur zeichnerisch ermitteln (s. a. Abschn. 4.1 und 4.2). Die Kennlinien der Widerstände müssen bekannt sein.

13. In Bild **11.9** ist mit dem Relais K ein Heißleiter in Reihe geschaltet. Nach dem Einschalten des Stromkreises über den Schalter S fließt ein Strom, der den Heißleiter erwärmt; sein Widerstand wird geringer, und die Stromstärke erhöht sich. Das Relais zieht verzögert an. Nach dem Anziehen wird der Heißleiter von einem Schließer des Relais überbrückt und kann sich auf Umgebungstemperatur abkühlen. Das Relais hat den Widerstand 850 Ω und zieht bei 20 mA an.
Bei welcher Heißleitertemperatur spricht das Relais an? Wie groß ist der Einschaltstrom der Schaltung bei 20 °C? Der Heißleiter hat die in Bild **11.**10 dargestellte Kennlinie.

14. Ein Heißleiter kann zur Messung von Temperaturen verwendet werden. Bild **11.**11 zeigt eine einfache Meßschaltung. Die konstante Spannung 12 V liegt an der Reihenschaltun von R_{Th} und R_v. Die Strombelastung des Heißleiters muß so gering gewählt werden, daß die Eigenerwärmung vernachlässigbar ist. Der Spannungsfall U_{Th} am Heißleiter ist ein Maß für die Temperatur. In der Schaltung hat der Vorwiderstand 1 kΩ. Stellen Sie die Abhängigkeit der Spannung U_{Th} von der Temperatur im Bereich von 15 °C bis 60 °C grafisch dar.

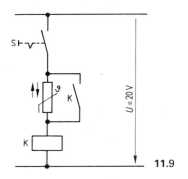

11.9

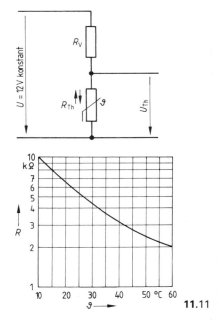

11.11

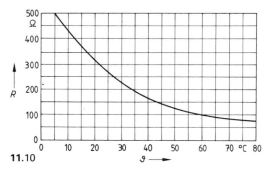

11.10

15. Wird ein Heißleiter mit einem Ohmschen Widerstand in Reihe geschaltet, kann in recht weiten Grenzen eine Spannungsstabilisierung erreicht werden. Bild **11.**12 zeigt die

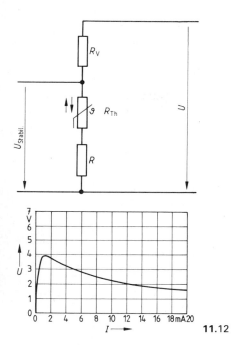

11.12

Spannungs-Strom-Abhängigkeit eines Heißleiters. Der Reihenwiderstand R soll
a) 150 Ω, b) 250 Ω
betragen. Ermitteln Sie aus diesen Werten die Kennlinie der Reihenschaltung aus R und R_{Th} grafisch und geben Sie den Stabilisierungsbereich von ±10 % für
a) 4 V und b) 5 V an.

16. Auch Kaltleiter lassen sich als Temperaturfühler einsetzen. Bild **11.13** zeigt eine einfache Meßschaltung. Die Spannung am Vorwiderstand R_v beträgt 12 V bei der Umgebungstemperatur 20 °C. Die Nenntemperatur des Kaltleiters wird mit 60 °C angenommen. Wie groß wird die Spannung U_{Th} bei 70 °C, 80 °C, 90 °C, 100 °C und 120 °C am Meßfühler (Kaltleiter), wenn der Mittelwert von α in diesem Bereich mit 0,4 K^{-1} angenommen wird? Zeichnen Sie eine Kennlinie für die U_{Th}-ϑ-Abhängigkeit.

17. Die in Bild **11.14** dargestellte Kennlinie eines Heißleiters kann durch einen parallelgeschalteten Widerstand weitgehend linearisiert werden. Ermitteln Sie den Kennlinienverlauf für eine Parallelschaltung des Heißleiters 100 kΩ mit der Nenntemperatur 25 °C und dem Parallelwiderstand 30 kΩ für den Temperaturbereich 25 °C bis 80 °C.

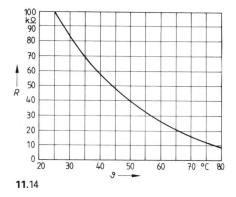

11.14

18. Mit der Meßschaltung **11.15** (ohne den Widerstand R) wurde durch Verstellung des Schleifers am Potentiometer R_p die Spannung U_2 am Varistor R_v kontinuierlich von 100 V auf 300 V erhöht. Dabei ergaben sich die unten angegebenen Meßwerte. Zeichnen Sie die Strom-Spannungskennlinie des Varistors, ermitteln Sie den Arbeitspunkt für die Reihenschaltung

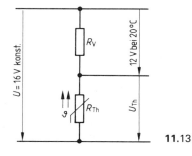

11.13

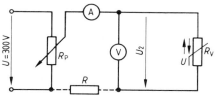

11.15

des Varistors mit dem Widerstand $R =$
a) 3 kΩ, b) 2 kΩ, c) 1,5 kΩ und bestimmen Sie den Gesamtwiderstand der Schaltung.

U in V	100	125	150	175	200
I in mA	5	6	7	12	20
U in V	225	250	275	300	
I in mA	50	100	167	250	

19. In der Brückenschaltung 11.16 betragen die Widerstände
   a) $R_1 = 10$ kΩ, $R_2 = 15$ kΩ, $R_3 = 2$ kΩ,
   b) $R_1 = 12$ kΩ, $R_2 = 8$ kΩ, $R_3 = 2$ kΩ,
   c) $R_1 = 2$ kΩ, $R_2 = 4$ kΩ, $R_3 = 1$ kΩ.
   Die Schaltung soll bei 25 °C abgeglichen sein. Welchen Wert muß bei dieser Temperatur der Heißleiter R_{Th} aufweisen? Bei welcher Temperatur ist die Schaltung abgeglichen, wenn für den Heißleiter die Kennlinie 11.17 gilt?
   Bestimmen Sie die Brückenspannung (es wird ein hochohmiger Spannungsmesser verwendet) bei 20 °C und 100 °C (Kennlinie 11.17).

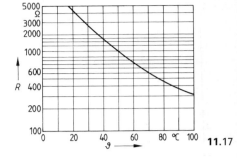

11.17

20. Welche Brückenspannung ergibt sich, wenn an Stelle des Widerstands R_1 in Aufgabe 19 ein zusätzlicher Heißleiter mit den gleichen Daten wie in Aufgabe 19 eingesetzt wird und beide Heißleiter der gleichen Temperatur am Meßort ausgesetzt werden (Schaltung 11.18). Die Widerstandswerte für R_2 und R_3 werden wie in Aufgabe 19 angenommen.

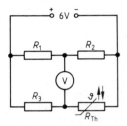

11.16

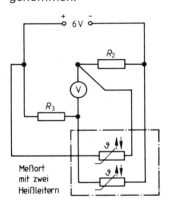

Meßort mit zwei Heißleitern

11.18

11.2 Dioden

Diodenkennlinien geben den Zusammenhang zwischen Spannung und Strom grafisch an. Dabei wird I als Funktion von U angegeben; die Steigung der Kennlinie ist ein Maß für den Leitwert. Der Index F (forward) kennzeichnet die Größen im Durchlaßbereich, der Index R (reverse) im Sperrbereich (**11.19**).

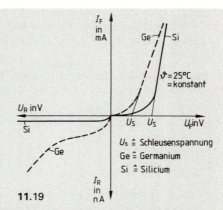

11.19

Durchlaßrichtung bedeutet positive Richtung nach rechts und oben,
Sperrichtung bedeutet negative Richtung nach links und unten.

$U_S \triangleq$ Schleusenspannung
$Ge \triangleq$ Germanium
$Si \triangleq$ Silicium

Zu jedem Wertepaar von U und I (Arbeitspunkt) läßt sich ein Widerstand R_F oder R_R angeben. Man unterscheidet den statischen und dynamischen Diodenwiderstand.

Statischer Diodenwiderstand (Gleichstromwiderstand)

$$R_F = \frac{U_F}{I_F} \quad \text{(Durchlaßwiderstand)} \qquad R_R = \frac{U_R}{I_R} \quad \text{(Sperrwiderstand)}$$

Nach Überschreiten der Schleusenspannung U_S fällt der Durchlaßwiderstand ab (**11.20**). Wird $U_R \gg U_{Rmax}$, ist auch der Sperrwiderstand R_R niederohmig.

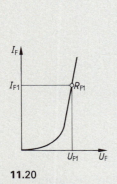

11.20

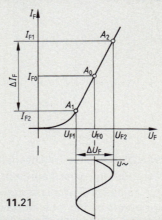

11.21

Dynamischer Diodenwiderstand (differentieller oder Wechselstromwiderstand)

$$r_F = \frac{U_{F2} - U_{F1}}{I_{F2} - I_{F1}} = \frac{\Delta U_F}{\Delta I_F} \quad \text{(differentieller Durchlaßwiderstand)} \qquad r_R = \frac{U_{R2} - U_{R1}}{I_{R2} - I_{R1}} = \frac{\Delta U_R}{\Delta I_R} \quad \text{(differentieller Sperrwiderstand)}$$

Wird der Gleichspannung U_{F0} eine Wechselspannung überlagert (Mischspannung), fließt im Diodenstromkreis auch ein Mischstrom. Der Arbeitspunkt wandert in Abhängigkeit von der Wechselspannung ΔU_F nach U_{F1} und U_{F2} (**11.21** auf S. 133).
r_R ist von Bedeutung, wenn Dioden im Durchbruchbereich betrieben werden (z. B. Z-Dioden).

Temperaturverhalten von Dioden (**11.22**). Die Durchlaßspannung U_F hat bei $I_F =$ konst, einen negativen Temperaturkoeffizienten α_u.
Es gilt:

$$\alpha_u = \frac{\Delta U_F}{\Delta I} < 0.$$

Typisch für Siliciumdioden ist $\alpha_u = \frac{2\,\text{mV}}{\text{K}}$.

Sperrströme nehmen mit steigender Sperrschichttemperatur exponentiell zu. In Abhängigkeit von der Temperaturänderung $\Delta\vartheta$ gelten folgende Vervielfachungsfaktoren:

1,05 bei $\Delta\vartheta = 1$ K
1,10 bei $\Delta\vartheta = 2$ K
10   bei $\Delta\vartheta = 50$ K

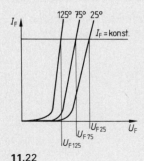

11.22

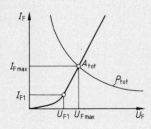

11.23

Grenzwerte von Dioden sind im wesentlichen:
- die maximal zulässige Sperrspannung U_{Rmax},
- der maximal zulässige Durchlaßstrom I_{Fmax}.

Aus der Sperrspannung ergibt sich das Sperrverhalten; aus Durchlaßspannung und Durchlaßstrom ergibt sich die in der Diode in Wärme umgewandelte Verlustleistung P_V (**11.23**).
Es gilt:

$$P_{tot} = U_{Fmax} \cdot I_{Fmax} = P_V$$

$$P_V = U_F \cdot I_F$$

Anwendungen von Dioden

Begrenzung und Stabilisierung kleiner Spannungen ist mit Dioden möglich, weil die Durchlaßspannung in einem großen Strombereich nur wenig schwankt, d. h. eine geringe Spannungsänderung ΔU_F ruft eine große Stromänderung ΔI_F hervor (11.24).

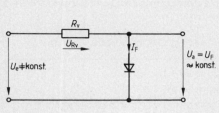
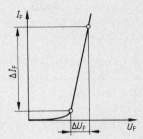

11.24

Aufgaben des Vorwiderstands R_v sind

- Übernahme der Spannungsdifferenz $\quad U_{Rv} = U_e - U_F,$
- Begrenzung des Durchlaßstroms $\quad R_v = \dfrac{U_{Rv}}{I_{Rv}} = \dfrac{U_e - U_F}{I_F}.$

Liegt keine Kennlinie vor, gilt $U_F = U_S$ (U_S für Siliciumdioden 0,7 V, U_S für Germaniumdioden 0,3 V).

Minimaler und maximaler Vorwiderstand (R_{vmin} und R_{vmax}). Damit der Arbeitspunkt auch noch bei kleinstmöglicher Eingangsspannung U_{emin} oberhalb des Knickbereichs der Diode liegt, muß $R_v \leqq R_{vmax}$ sein (11.25).

$$\boxed{R_{vmax} \leqq \dfrac{U_{emin} - U_F}{I_{Fmin}}}$$

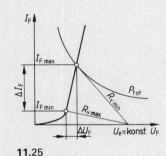
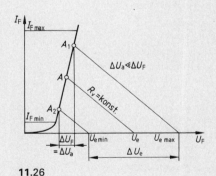

11.25 **11.26**

Damit bei $U_e = U_{emax}$ der Durchlaßstrom $I_F \leqq I_{Fmax}$ bleibt, muß $R_v \geqq R_{vmin}$ sein.

$$\boxed{R_{vmin} \geqq \dfrac{U_{emax} - U_F}{I_{Fmax}}}$$

Damit gelten für den Eingangsbereich (11.26):

$$U_{emax} = R_v \cdot I_{Fmax} + U_F \quad \text{und} \quad U_{emin} = R_v \cdot I_{Fmin} + U_F.$$

Diodenschalter. Eine Diode kann als elektronischer Schalter verwendet werden, indem man den hohen Sperrwiderstand R_R und den geringen Durchlaßwiderstand R_F nutzt (11.27). Es gilt für

Schalter geschlossen (Diode leitet)   Schalter geöffnet (Diode sperrt)

$$U_{RL} = U_e - U_F \approx U_e \qquad U_{RL} = U_e - U_R \approx 0$$
$$U_{RL} = I_F \cdot R_L \qquad\qquad\quad U_{RL} = I_R \cdot R_L.$$

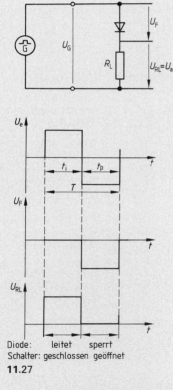

Diode: leitet sperrt
Schalter: geschlossen geöffnet
11.27

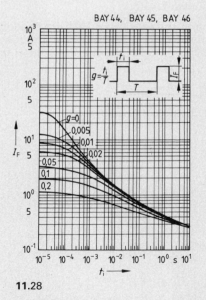

11.28

Bei impulsförmiger Belastung können Dioden mit Leistungen betrieben werden, die größer sind als die in den Datenblättern angegebene statische Verlustleistung P_{tot}, solange dabei die maximale zulässige Sperrschichttemperatur nicht überschritten wird. Die Belastbarkeitsgrenzen sind den Impulsbelastbarkeitskurven zu entnehmen (11.28).

Beispiel 11.2 Wie groß sind bei der Diode 11.29 Gleichstrom- und differentieller Durchlaßwiderstand, wenn $U_F = 0{,}9$ V und in diesem Arbeitspunkt $\Delta U_F = 0{,}2$ V betragen?

Lösung Aus der Kennlinie sind folgende Zahlenwerte abzulesen ($\vartheta_j = 25\,°C$)[1]:

bei $U_{F0} = 0{,}9$ V $I_{F0} = 70$ mA
bei $U_{F1} = 1{,}0$ V $I_{F1} = 145$ mA
bei $U_{F2} = 0{,}8$ V $I_{F2} = 20$ mA

Gleichstromwiderstand

$$R_F = \frac{U_F}{I_F} = \frac{0{,}9\text{ V}}{70\text{ mA}} = 12{,}9\,\Omega$$

differentieller Widerstand

$$r_F = \frac{U_{F2} - U_{F1}}{I_{F2} - I_{F1}} = \frac{1\text{ V} - 0{,}8\text{ V}}{145\text{ mA} - 70\text{ mA}}$$

$r_F = 1{,}6\,\Omega$

[1]) Übliche Angaben sind auch T_j oder t_j.

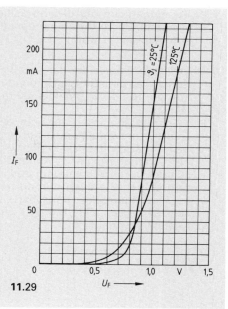

11.29

Aufgaben

1. Aus der Schaltung 11.30 wurden folgende Meßwerte zur Aufnahme einer Diodenkennlinie ermittelt:

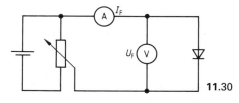

11.30

U_F	I_F
0,50 V	0 mA
0,55 V	1 mA
0,60 V	2 mA
0,65 V	4 mA
0,70 V	8 mA
0,75 V	14 mA
0,80 V	22 mA
0,85 V	53 mA
0,90 V	90 mA

a) Zeichnen Sie die Kennlinie in Durchlaßrichtung und berechnen Sie für jeden Meßwert den Gleichstromwiderstand.

b) Ermitteln Sie aus der von ihnen gezeichneten Diodenkennlinie die Schleusenspannung (Schwellspannung).

2. Bild 11.31 zeigt die Kennlinie einer Germaniumdiode in Durchlaßrichtung.

a) Stellen Sie die Abhängigkeit I_F von U_F in einer Tabelle zusammen, berechnen Sie den jeweiligen Gleichstromwiderstand der Diode und ermitteln Sie die Schwellspannung.

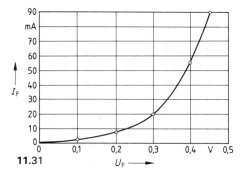

11.31

b) Berechnen Sie die differentiellen Widerstände für die eingetragenen Arbeitspunkte, wenn $\Delta U_F = 0{,}1$ V beträgt.

3. a) Ermitteln Sie aus der dargestellten Kennlinie die Gleichstromwiderstände für $I_F = 0$ A bis 80 mA (**11.32**).
   b) Zeichnen Sie die Kennlinie des Gleichstromwiderstands auf einfach-logarithmisches Papier und auf Millimeterpapier in Abhängigkeit der Durchlaßspannung und interpretieren Sie deren Verlauf unter Anwendung des Ohmschen Gesetzes. Geben Sie die Art des Kennlinienverlaufs an.

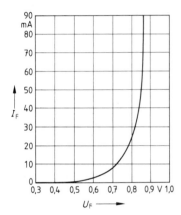

11.32

4. Bestimmen Sie bei der Diode BA 318 (**11.29**) den Durchlaßstrom und den Gleichstrom-Durchlaßwiderstand bei
   a) $U_F = 0{,}8$ V, b) $U_F = 0{,}6$ V, c) $U_F = 1$ V und T_j (Sperrschichttemperatur) = 25 °C. Wie verändern sich I_F und R_F, wenn $T_j = 125$ °C beträgt?

5. Berechnen Sie den differentiellen Durchlaßwiderstand der BA 318 (**11.29**), wenn $U_{F0} = 0{,}8$ V, $\Delta U_F = 0{,}1$ V betragen ($T_j = 25$ °C).

6. Welche Werte haben R_F und R_R der Germaniumdiode AA 119 (**11.33**) bei
   a) $U_F = 1$ V, $U_R = 10$ V;
   b) $U_F = 0{,}5$ V, $U_R = 20$ V;
   c) $U_F = 1{,}2$ V, $U_R = 30$ V?
   ($T_u = 25$ °C).

7. a) Wie groß ist der differentielle Durchlaßwiderstand r_F der AA 119 bei $T_u = 25$ °C, wenn $U_{F0} = 1$ V und $\Delta U_F = 0{,}2$ V betragen (**11.33**)?
   b) Bestimmen Sie den differentiellen Sperrwiderstand r_R der AA 119 bei $U_{R0} = 20$ V und $\Delta U_R = 10$ V; $T_u = 25$ °C (**11.33**).

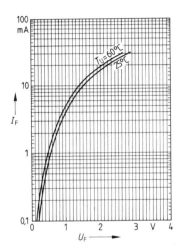

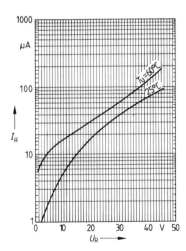

11.33

8. Bestimmen Sie für die Diode BAY 43 (**11.34**) anhand der Mittelwert-Kennlinien bei $T_U = 100$ °C folgende Werte:

a) Durchlaßwiderstand bei U_F = 0,7 V.
b) differentieller Durchlaßwiderstand bei U_{F0} = 0,7 V und ΔU_F = 0,1 V,
c) Sperrwiderstand bei U_R = 60 V,
d) differentieller Sperrwiderstand bei U_{R0} = 60 V und ΔU_R = 20 V.

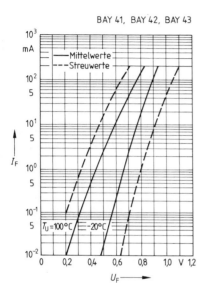

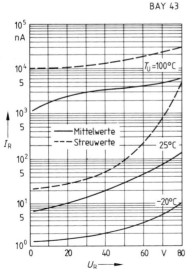

11.34

9. Die Diode BAY 42 (**11.34**) hat bei T_U = 100 °C und I_F = 50 mA den Durchlaßwiderstand R_F = 14 Ω. Welchen Wert nimmt die Durchlaßspannung an, wenn diese Diode den dynamischen (differentiellen) Durchlaßwiderstand r_F = 1,53 Ω hat und der Durchlaßstrom auf 100 mA steigt? Prüfen Sie Ihr Ergebnis anhand der Kennlinie. Wie groß ist die Verlustleistung im ursprünglichen und im neuen Arbeitspunkt?

10. Berechnen Sie den Temperaturkoeffizienten der Durchlaßspannung einer Universaldiode (**11.35**) bezogen auf die konstanten Durchlaßströme 0,1 mA, 1 mA, 10 mA und 100 mA anhand der Kennlinien.

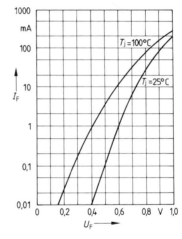

11.35

11. Berechnen Sie mit den in Aufgabe 10 ermittelten Werten für den Temperaturkoeffizienten die zugehörigen Werte der Durchlaßspannung für T_j = 200 °C. Zeichnen Sie die Kennlinie I_F = f (U_F) für T_j = 200 °C und bewerten Sie den Verlauf im Vergleich zu den Kennlinien **11.35**.

12. Die Durchlaßspannung der Schaltdiode BAW 75 hat, bezogen auf I_F = 10 mA, den Temperaturkoeffizienten −1,47 mV/K. Bei T_j = 25 °C liegt an ihr U_F = 0,8 V. Berechnen Sie die Durchlaßspannung bei T_j = 100 °C. Wie hoch wäre diese Spannung bei der maximal zulässigen Sperrschichttemperatur 200 °C?

13. In Bild **11.36** ist die Änderung der Arbeitsspannung einer Z-Diodenfamilie BZX 55... in Abhängigkeit von der Sperrschichttemperatur dargestellt. Berechnen Sie den Temperaturkoeffizienten α_{UZ} im Bereich $T_{j1} = 80\,°C$ bis $T_{j2} = 120\,°C$ für die Dioden BZX 55 C4 V7 bis BZX 55 C10.
Bewerten Sie Ihre Ergebnisse und vergleichen Sie diese mit dem Verlauf der Kennlinie **11.37**.

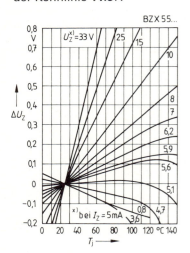

11.36

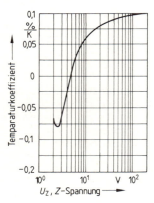

11.37

14. Die Diode 1N4148 hat eine zulässige Verlustleistung $P_{tot} = 400\,mW$. Stellen Sie die Wertetabelle für die Verlustleistungshyperbel auf und zeichnen Sie die P_{tot}-Kennlinie in Abhängigkeit von $U_F = 0{,}5\,V$ bis $U_F = 8\,V$.

15. Bei $T_U = 25\,°C$ und $T_U = 100\,°C$ fließen durch die Diode BAY 45 jeweils 100 mA, wenn $U_F = 0{,}97\,V$ bzw. $U_F = 0{,}90\,V$ anliegen. Ordnen Sie den beiden T_U-Werten die Durchlaßspannung zu und berechnen Sie die beiden Verlustleistungen.

16. Eine Diode BA 147 mit $I_{Fmax} = 150\,mA$ liegt in einer unbelasteten Stabilisierungsschaltung an $U_e = 12\,V \pm 10\,\%$. Berechnen Sie R_{vmin} und R_{vmax}, wenn der minimale Durchlaßstrom 3 mA beträgt. Wählen Sie aus der Reihe E 12 den Normwert für den Vorwiderstand, der dem Mittelwert von R_{vmax} und R_{vmin} am nächsten liegt.

17. Die Diode AA 113 mit $I_{Fmax} = 50\,mA$ liegt in Reihe mit einem Widerstand 180 Ω. Die Ausgangsspannung soll etwa 0,3 V betragen ($I_{Fmin} = 2\,mA$). Berechnen Sie U_{emin} und U_{emax}.

18. Zur Betriebsspannungskontrolle eines Netzgeräts mit der Ausgangsgleichspannung $U = 30\,V$ soll eine rote LED mit Vorwiderstand verwendet werden.
    a) Welchen Widerstandswert und welche Belastbarkeit hat R_v, wenn von der Diode $U_F = 1{,}2\,V$ bei $I_F = 30\,mA$ bekannt sind? Wählen Sie einen passenden Vorwiderstand der Reihe E 12 aus.
    b) Soll eine grüne Diode verwendet werden, gilt $U_F = 2{,}7\,V$ bei $I_F = 15\,mA$. Wie groß sind R_v und P_{Rv}?

19. Eine Leuchtdiode (LED) mit der Kennlinie **11.38** soll über $R_{v1} = 100\,\Omega$ an $U = 5\,V$ betrieben werden.
    a) Bestimmen Sie den Strom I_F und die Teilspannungen U_F und U_{Rv}.
    b) Welchen Widerstandswert muß ein anderer Vorwiderstand R_{v2} haben, damit durch die Diode ein Strom $I_F = 20\,mA$ fließt? ($U = 5\,V$).

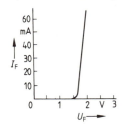

11.38

20. Berechnen Sie die prozentualen Schwankungen von U_e in der Schaltung **11.39**, wenn $I_L = 50$ mA ±15 % beträgt. Welche Werte nimmt R_L dabei an? ($I_{Fmax} = 150$ mA, $I_{Fmin} = 3$ mA)

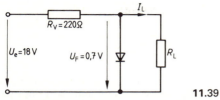

11.39

21. In der Schaltung **11.40** wird die Diode BAY 80 zur Spannungsbegrenzung an R_L eingesetzt. Ihre Diodenkennlinie hat folgende Werte:

U_F in V	0,52	0,70	0,78	0,86	0,92
I_F in mA	0,1	5	10	20	50
U_F in V	1,00	1,07	1,13	1,20	
I_F in mA	100	150	200	250	

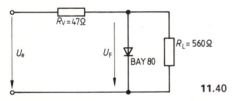

11.40

Berechnen Sie den Wert der Eingangsspannung, wenn $U_F = 1$ V ist.

Welche Werte darf die Eingangsspannung annehmen, wenn $U_{Fmin} = 0,92$ V nicht unterschritten und $U_{Fmax} = 1,07$ V nicht überschritten werden dürfen?

22. Die Diode BAV 17 mit $P_{tot} = 400$ mW schaltet unter $T_j = 25$ °C den Lastwiderstand 56 Ω. Es fließen bei $U_F = 0,9$ V $I_F = 100$ mA. Berechnen Sie bei $I_R = 70$ mA.
    a) die erforderliche Eingangsspannung,
    b) die Spannung am Lastwiderstand bei leitender und gesperrter Diode,
    c) die maximale Schaltleistung,
    d) den geringsten Wert des Lastwiderstands.

23. Berechnen Sie die Diodenverlustleistung, wenn die Diode BAV 17 (Aufg. 22) unter Einhaltung des Arbeitspunkts mit dem Tastgrad $g = 0,3$ periodisch schaltet.

24. Berechnen Sie den Minimalwert des Lastwiderstands, der über eine Diode $P_{tot} = 300$ mW im Arbeitspunkt 0,86 V, $T_j = 25$ °C an $U_e = 12$ V geschaltet werden kann. Welche maximale Schaltleistung wird dabei erbracht?

25. Welchen Minimalwert darf ein Lastwiderstand annehmen, wenn bei $U_F = 0,76$ V, $U_e = 12$ V und $P_{tot} = 250$ mW mit $g = 0,2$ geschaltet wird? Wie groß sind die Diodenverlustleistung und die Verlustleistung im Lastwiderstand?

Spannungsstabilisierung mit Z-Dioden

Der Vorwiderstand R_V (**11.41** a) ist so zu dimensionieren, daß bei U_{emin} und I_{Lmax} der I_{zmin} nicht unterschritten wird (**11.41** b) – dann liegt der Arbeitspunkt im Knick-

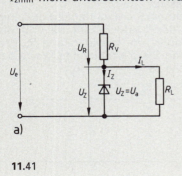
a)

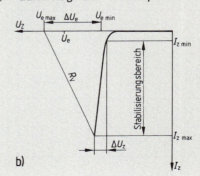
b)

11.41

bereich. Außerdem darf bei U_{emax} und I_{Lmin} der I_{zmax} nicht überschritten werden – dann liegt der Arbeitspunkt oberhalb von P_{tot}.

$$I_{zmin} \approx 0{,}1 \cdot I_{zmax} \qquad P_{tot} = U_z \cdot I_{zmax}$$

$$R_v = \frac{U_e - U_z}{I_z + I_L} \qquad R_{vmin} = \frac{U_{emax} - U_z}{I_{zmax} + I_{Lmin}} \qquad R_{vmax} = \frac{U_{emin} - U_z}{I_{zmin} + I_{Lmax}}$$

Aufgaben

26. Berechnen Sie I_{zmax} für die in Bild **11.42** dargestellte Z-Dioden-„Familie", wenn P_{tot} = 330 mW beträgt. Vervollständigen Sie das Diagramm und geben Sie den Arbeitsbereich an.

27. Bestimmen Sie nach Bild **11.42** den differentiellen Widerstand für eine Z-Diode mit der Zenerspannung a) 3,3 V, b) 10 V, c) 16 V. Tragen Sie ΔU_z und ΔI_z in ein Diagramm ein.

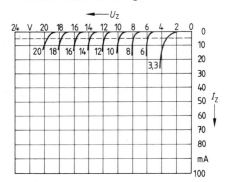

11.42

28. Die Zenerspannung einer Z-Diode ist neben der eigentlichen Zenerspannung abhängig von der Temperatur

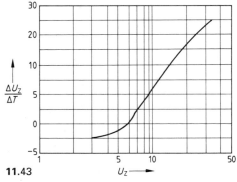

11.43

und dem Temperaturkoeffizienten. Der Unterschied der Zenerspannung wird berechnet nach der Gleichung $\Delta U_z = U_z \cdot \alpha \cdot \Delta T$. Berechnen Sie die neue Zenerspannung einer Z-Diode Z 20 bei a) 100 °C, b) 125 °C, c) 80 °C für die Bezugstemperatur 25 °C. Der Temperaturkoeffizient läßt sich aus dem Diagramm **11.43** ermitteln.

29. Für die Z-Diode Z 6 in der einfachen Stabilisierungsschaltung **11.44** ist im Datenblatt der maximale Zenerstrom a) 100 mA, b) 150 mA, c) 180 mA angegeben.
Berechnen Sie die Größe des Vorwiderstands R_v.

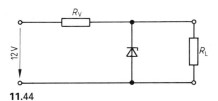

11.44

30. Entsprechend Bild **11.45** wird an die Anschlußklemmen parallel zur Z-Diode ein Lastwiderstand R_L angeschlossen.
Berechnen Sie den kleinstmöglichen Wert des Lastwiderstands und die Spannung am Vorwiderstand R_v. Entnehmen Sie die fehlenden Werte der Aufgabe 29.

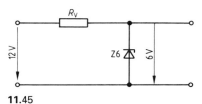

11.45

31. Wie groß werden die Spannungen am Vorwiderstand R_v und am Lastwiderstand R_L, wenn der Widerstand $R_L = 30\ \Omega$ beträgt (s. Aufgabe 30). Beurteilen Sie das berechnete Ergebnis.

32. Mit der einfachen Schaltung **11.45** soll die Spannung am Lastwiderstand auf 12 V stabilisiert werden. Die Betriebsspannung soll 36 V betragen. Zur Verfügung steht eine Z-12-Diode mit der zulässigen Verlustleistung a) 1,2 W, b) 0,8 W, c) 1 W.

    Berechnen Sie die Größe des Vorwiderstands und den kleinstmöglichen Lastwiderstand.

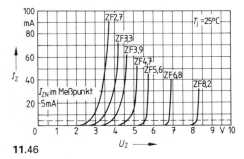

11.46

33. Bestimmen Sie aus den Kennlinien der Z-Dioden-Familie **11.46** zu den vorgegebenen Spannungen U_z die Ströme I_z.
    a) ZF 3,9: $U_{Z1} = 4$ V, $U_{Z2} = 4,5$ V
    b) ZF 6,8: $U_{Z1} = 6,8$ V, $U_{Z2} = 6,9$ V
    c) Ermitteln Sie aus den Wertepaaren den differentiellen Widerstand der Diode.

34. Die Versorgungsspannung U einer Z-Dioden-Stabilisierungsschaltung beträgt 24 V, $U_z = 8,2$ V, $R_v = 180\ \Omega$.
    a) Wie groß sind I und I_z, wenn $I_L = 50$ mA beträgt?
    b) Wie groß ist die Verlustleistung P_v der Diode?

35. In einer Verzögerungsschaltung – z. B. für Warnsirenen – soll eine Steuerspannung auf etwa 20 V stabilisiert werden, damit definierte Schaltzeiten erreichbar sind. Die Speisung erfolgt über einen Akkumulator, dessen Spannung 60 V ±10 % beträgt. Verwendet wird eine Z-Diode BZX 55 C20 mit $I_{zmax} = 20$ mA. Der Laststrom schwankt zwischen 1 mA und 10 mA. Berechnen Sie R_{vmin} und R_{vmax}, wählen Sie einen geeigneten Normwert und berechnen Sie die Nennleistung.

12 Einführung in die Steuerungs- und Digitaltechnik

12.1 Rechnen mit Dualzahlen

Beim uns geläufigen Dezimalsystem stellen wir Zahlen mit Hilfe der zehn Ziffern 0, 1, 2, bis 7, 8, 9 dar. Der Wert der Ziffer in einer Zahl ergibt sich aus ihrer Stelle innerhalb der Zahl (Stellenwertsystem). Jeder Stellenwert ist um den Faktor 10 größer als bei der rechts daneben stehenden Ziffer.

Beispiele 12.1 $6032 = 6 \cdot 1000 + 0 \cdot 100 + 3 \cdot 10 + 2 \cdot 1$
$ = 6 \cdot 10^3 + 0 \cdot 10^2 + 3 \cdot 10^1 + 2 \cdot 10^0$
$3206 = 3 \cdot 1000 + 2 \cdot 100 + 0 \cdot 10 + 6 \cdot 1$
$ = 3 \cdot 10^3 + 2 \cdot 10^2 + 0 \cdot 10^1 + 6 \cdot 10^0$

Im Dualsystem (Zweiersystem) stehen nur die beiden Ziffern 0 und 1 zur Verfügung. Bei einer aus diesen Ziffern zusammengesetzten Zahl (Binärzahl) ist der Stellenwert jeweils um den Faktor 2 größer als bei der rechts daneben stehenden Ziffer.

Beispiele 12.2 $1011 = 1 \cdot 8 + 0 \cdot 4 + 1 \cdot 2 + 1 \cdot 1$
$ = 1 \cdot 2^3 + 0 \cdot 2^2 + 1 \cdot 2^1 + 1 \cdot 2^0$
$1101 = 1 \cdot 8 + 1 \cdot 4 + 0 \cdot 2 + 1 \cdot 1$
$ = 1 \cdot 2^3 + 1 \cdot 2^2 + 0 \cdot 2^1 + 1 \cdot 2^0$

Offensichtlich ergibt sich dadurch im Dualsystem schon bei kleinen Zahlen eine hohe Stellenzahl. Der Vorteil des Dualsystems liegt jedoch darin, daß sich beide Ziffern leicht durch Bauteile darstellen lassen, die genau zwei Zustände annehmen können.

Beispiele 12.3 Schalter aus – Schalter ein
Diode sperrt – Diode leitet
Transistor sperrt – Transistor leitet

Umwandeln von Zahlen

Die Umwandlung Dezimal – Dual geschieht durch fortgesetzte Division der Dezimalzahl durch 2. Die verbleibenden Reste werden notiert und ergeben die gesuchte Dualzahl.

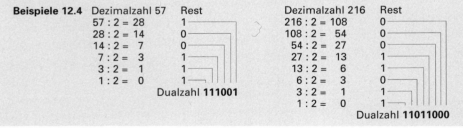

Beispiele 12.4

Aufgaben

Wandeln Sie diese Dezimalzahlen in Dualzahlen um.

1. a) 13 f) 45
   b) 22 g) 66
   c) 10 h) 30
   d) 18 i) 84
   e) 51 j) 75

2. a) 101 f) 216
   b) 413 g) 700
   c) 110 h) 625
   d) 353 i) 257
   e) 526 j) 874

3. a) 1000 f) 6101
   b) 2010 g) 2984
   c) 1111 h) 7021
   d) 3113 i) 3132
   e) 4516 j) 8191

Zur Umwandlung Dual – Dezimal übertragen wir jede Ziffer der Dualzahl ihrem Stellenwert entsprechend ins Dezimalsystem und addieren die erhaltenen Dezimalzahlen.

Beispiele 12.5
$$1101 = 1 \cdot 2^3 + 1 \cdot 2^2 + 0 \cdot 2^1 + 1 \cdot 2^0$$
$$ = 8 + 4 + 0 + 1 = \mathbf{13}$$
$$100101 = 1 \cdot 2^5 + 0 \cdot 2^4 + 0 \cdot 2^3 + 1 \cdot 2^2 + 0 \cdot 2^1 + 1 \cdot 2^0$$
$$ = 32 + 0 + 0 + 4 + 0 + 1 = \mathbf{37}$$

Dieses Verfahren kann bei mehrstelligen Dualzahlen recht mühsam sein. Dann ist folgendes Verfahren einfacher. Wir gehen von der 1. Ziffer der Dualzahl aus, verdoppeln sie und addieren die 2. Ziffer. Die erhaltene Zwischenzahl verdoppeln wir und addieren die 3. Ziffer usw., bis die letzte Ziffer erreicht ist.

Beispiele 12.6 1101

$$1 = 1$$
$$2 + 1 = 3$$
$$6 + 0 = 6$$
$$12 + 1 = \mathbf{13}$$

100101

$$1 = 1$$
$$2 + 0 = 2$$
$$4 + 0 = 4$$
$$8 + 1 = 9$$
$$18 + 0 = 18$$
$$36 + 1 = \mathbf{37}$$

Aufgaben

Wandeln Sie diese Dualzahlen in Dezimalzahlen um.

4. a) 1010   f) 1111
   b) 111   g) 1101
   c) 11   h) 100
   d) 101   i) 1000
   e) 110   j) 1001

5. a) 10010 f) 10111
   b) 11010 g) 11000
   c) 10101 h) 11001
   d) 11111 i) 10001
   e) 10000 j) 11011

6. a) 101101 f) 1010100
   b) 110000 g) 1111111
   c) 100000 h) 1100110
   d) 101111 i) 1101101
   e) 111111 j) 1000001

Addition von Dualzahlen

Dualzahlen werden wie Dezimalzahlen addiert. Das „kleine Eins-Plus-Eins", die Rechenregel der Addition, ist besonders einfach, denn es ergeben sich nur vier Möglichkeiten für zwei einstellige Dualzahlen.

Additionstafel
$0 + 0 = 0$
$0 + 1 = 1$
$1 + 0 = 1$
$1 + 1 = 10$

Beispiele 12.7

```
    1010         10111          1111
 +  1100       +  1001       +  1111
       1         11111          1111      Überträge
 ──────         ──────         ──────
  10110        100000          11110
```

Beim dritten Beispiel kommen wir mit der oben angegebenen Additionstafel nicht mehr aus, weil nur an der Einerstelle zwei einstellige Dualzahlen zu addieren sind, an allen anderen jedoch drei (hier kommt jedesmal noch der Übertrag hinzu). Wir brauchen daher eine Additionstafel für drei einstellige Dualzahlen.

Additionstafel
0 + 0 + 0 = 0
0 + 0 + 1 = 1
0 + 1 + 0 = 1
0 + 1 + 1 = 10
1 + 0 + 0 = 1
1 + 0 + 1 = 1
1 + 1 + 0 = 10
1 + 1 + 1 = 11

Aufgaben

1. a) 1000 + 1111
   b) 1010 + 101
   c) 11011 + 1001
   d) 10011 + 1101
   e) 10110 + 11001
   f) 11001 + 11110
   g) 110111 + 101001
   h) 111000 + 101010

2. Addieren Sie diese Dualzahlen und prüfen Sie das Ergebnis mit Dezimalzahlen.
   a) 1011 + 1100
   b) 1110 + 1101
   c) 10101 + 11010
   d) 11111 + 10111
   e) 110011 + 111010
   f) 100100 + 111111
   g) 1011001 + 1111000
   h) 1001001 + 1100110

3. Wandeln Sie folgende Dezimalzahlen in Dualzahlen um und addieren Sie diese.
   a) 53 + 46
   b) 13 + 31
   c) 10 + 65
   d) 36 + 32
   e) 77 + 106
   f) 148 + 127
   g) 137 + 284
   h) 215 + 436

12.2 Logische Schaltungen

Die Bezeichnung „logische Schaltung" besagt, daß Eingangs- und Ausgangssignale durch die verwendeten Bausteine binär-digital (binär = zweiwertig; digital = in Schritten) in logischen (d. h. folgerichtigen) Zusammenhang gebracht, also miteinander verknüpft werden.

Eingangssignale wollen wir mit E (bei mehreren E1, E2 usw.) bezeichnen, Ausgangssignale mit A (mehrere mit A1, A2 usw.).

Man unterscheidet folgende Grundschaltungen (**12.1**):

– UND-Schaltung
– ODER-Schaltung
– NICHT-Schaltung
– und deren Kombinationen
– UND und NICHT = NAND
– ODER und NICHT = NOR

Auf ZEIT- und SPEICHER-Funktionen soll hier noch nicht eingegangen werden.

Die Verknüpfungen lassen sich durch Zeichen darstellen (Schaltalgebra).

Es bedeuten:

$\wedge$ = UND   z. B. E1 $\wedge$ E2 (lies E1 UND E2)
$\vee$ = ODER   z. B. E3 $\vee$ E4 (lies E3 ODER E4)
‾ = NICHT z. B. $\bar{A}$ (lies A NICHT).

Für die Signale soll gelten:

1-Signal: Ein- oder Ausgänge führen Spannung gegen einen festen Bezugspunkt.
0-Signal: Ein- oder Ausgänge führen keine Spannung gegen einen festen Bezugspunkt.

Tabelle **12.1** zeigt eine Übersicht über die logischen Schaltungen mit Definitionen, Beispielen aus der Kontakttechnik, schaltalgebraischen Gleichungen, Wahrheits- oder Funktionstabellen und Schaltzeichen.

Tabelle **12.1 Logische Schaltungen**

Benennung	UND	ODER	NICHT	NAND	NOR
Erklärung	Das Ausgangssignal A hat den Wert 1, wenn alle Eingangssignale E den Wert 1 haben.	Das Ausgangssignal A hat den Wert 1, wenn eines oder mehrere Eingangssignale den Wert 1 haben.	Das Ausgangssignal A hat den Wert 0, wenn das Eingangssignal den Wert 1 hat (Signalumkehr – Negation).	Das Ausgangssignal A hat den Wert 0, wenn alle Eingangssignale E den Wert 1 haben.	Das Ausgangssignal A hat den Wert 0, wenn eines oder mehrere Eingangssignale E den Wert 1 haben.
Kontaktschaltung					
Schaltalgebraische Gleichung	$E1 \wedge E2 = A$	$E1 \vee E2 = A$	$E = \overline{A}$ $\overline{E} = A$	$E1 \wedge E2 = \overline{A}$ $\overline{E1 \wedge E2} = A$	$E1 \vee E2 = \overline{A}$ $\overline{E1 \vee E2} = A$
Wahrheitstabelle	E1 E2 A 0 0 0 0 1 0 1 0 0 1 1 1	E1 E2 A 0 0 0 0 1 1 1 0 1 1 1 1	E A 0 1 1 0	E1 E2 A 0 0 1 0 1 1 1 0 1 1 1 0	E1 E2 A 0 0 1 0 1 0 1 0 0 1 1 0
Schaltzeichen Symbol					

Beispiel 12.8 Gegeben sind die digitalen Schaltungen **12.2** a und b. In der SPS-Technik (SPS = Speicherprogammierte Steuerung) werden solche Verknüpfungsschaltungen F u n k t i o n s p l a n genannt. Stellen Sie für beide Schaltungen jeweils die schaltalgebraische Gleichung auf, vereinfachen Sie die Schaltungen und kommentieren Sie das Ergebnis. Prüfen Sie das Ergebnis, indem Sie die Wahrheits-(Funktions-)tabelle anfertigen und mit der Tabelle **12.1** vergleichen.

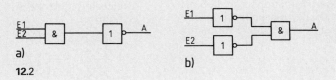

a) b)
12.2

Lösung a) $(\overline{E1 \wedge E2}) = A$

Ein nachgeschaltetes NICHT-Glied negiert praktisch das Ausgangssignal des UND-Glieds. In der Vereinfachung ergibt sich ein NAND-Glied.

Lösung b) $(\overline{E1} \wedge \overline{E2}) = A$
oder
$\overline{(E1 \vee E2)} = A$

NICHT-Glieder vor die Eingänge eines UND-Glieds geschaltet negieren die Eingänge. In der Vereinfachung ergibt sich ein NOR-Glied.

E1	E2	A
0	0	1
0	1	1
1	0	1
1	1	0

a)

E1	E2	A
0	0	1
0	1	0
1	0	0
1	1	0

b)

Aufgaben

1. Ein ODER-Glied und ein NICHT-Glied sind in Reihe geschaltet. Entwickeln Sie zu diesem Funktionsplan die Wahrheitstabelle und die schaltalgebraische Gleichung. Vereinfachen sie die Schaltung (**12.**3).

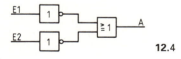
12.3

2. Die Schaltung **12.**4 besteht aus zwei NICHT- und einem ODER-Glied. Stellen Sie die Wahrheitstabelle auf, entwickeln Sie die schaltalgebraische Gleichung, und vereinfachen Sie die Schaltung.

12.4

3. Ein NAND-Glied und ein NICHT-Glied sind in Reihe geschaltet. Entwickeln Sie aus diesem Funktionsplan **12.**5 die Wahrheitstabelle, die schaltalgebraische Gleichung und eine vereinfachte Schaltung.

12.5

4. Zwei NICHT-Glieder liegen jeweils vor den beiden Eingängen eines NAND-Glieds. Schreiben Sie die schaltalgebraische Gleichung und die Wahrheitstabelle. Vereinfachen Sie die Schaltung (**12.**6).

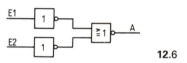
12.6

5. Ein NOR- und ein NICHT-Glied sind in Reihe geschaltet (**12.**7). Schreiben Sie die schaltalgebraische Gleichung und die Wahrheitstabelle. Vereinfachen Sie die Schaltung.

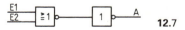
12.7

6. Stellen Sie für die Verknüpfungsschaltung **12.**8 die Wahrheitstabelle auf, entwickeln Sie die schaltalgebraische Gleichung und vereinfachen Sie die Schaltung.

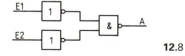
12.8

7. Aus NOR-Gliedern lassen sich die digitalen Grundverknüpfungs-Schaltungen NICHT, UND und ODER herstellen. Entwickeln Sie die Schaltungen und stellen Sie jeweils die schaltalgebraische Gleichung auf.

8. Die Grundfunktionen NICHT, UND und ODER lassen sich ebenfalls aus NAND-Gliedern herstellen. Entwickeln Sie auch hierzu die Schaltungen und stellen Sie jeweils die schaltalgebraische Gleichung auf.

9. Die Schaltung **12**.9 besteht aus vier NOR-Gliedern. Stellen Sie die Wahrheitstabelle auf, erläutern Sie das Ergebnis. Wie könnte man eine solche Schaltung bezeichnen?

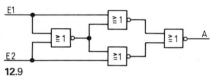

12.9

10. Stellen Sie für die Schaltung **12**.10 die Wahrheitstabelle auf und deuten Sie das Ergebnis. Wie könnte man diese Schaltung bezeichnen? Läßt sich die Schaltung vereinfachen?

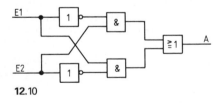

12.10

11. Nach der Schaltung **12**.11 leuchtet die Lampe A dann, wenn E1 betätigt UND E2 NICHT betätigt ODER E3 betätigt wird. Entwickeln Sie zu dieser Kontaktschaltung die Wahrheitstabelle, die schaltalgebraische Gleichung und eine Verknüpfungsschaltung mit digitalen Bauelementen.

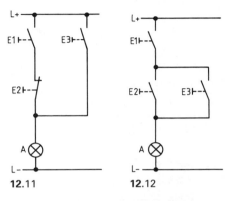

12.11   **12**.12

12. Beschreiben Sie die Funktion der Kontaktschaltung **12**.12. Entwickeln Sie die Wahrheitstabelle, die schaltalgebraische Gleichung und eine Verknüpfungsschaltung mit digitalen Bauelementen.

13 Einführung in die Schutzmaßnahmen

Errichtung und Betrieb elektrischer Anlagen erfordern die Einhaltung der VDE-Bestimmungen. Sie sind die Grundlage für die sichere Nutzung elektrischer Energie.

Fehlerarten. Folgende Fehlerarten können in elektrischen Anlagen auftreten:
- Isolationsfehler,
- Körperschluß,
- Leiterschluß,
- Kurzschluß,
- Erdschluß.

Tritt ein solcher Fehler auf, kommt es zum Fließen eines Fehlerstroms.

Ein Fehlerstrom ist der über einen Isolationsfehler, Körperschluß usw. fließende Strom. Seine Höhe und damit Gefährlichkeit für Menschen und Nutztiere ist abhängig vom **Schleifenwiderstand** der Anlage. Dieser setzt sich zusammen aus

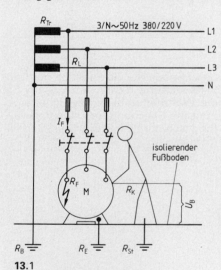

13.1

- Widerstand des Transformators (Generators) R_{Tr},
- Leistungswiderstand R_L,
- Widerstand der Fehlerstelle R_F,
- Erdungswiderstände R_E und R_B (Betriebserde),
- Körperwiderstand des Menschen R_K,
- Standortwiderstand R_{St} (13.1).

Der Gesamtwiderstand der „Schleife" ergibt sich aus der Summe der Einzelwiderstände.

Der Widerstand des menschlichen Körpers kann im Mittel mit etwa 1000 Ω angenommen werden. Bei einem fließenden Fehlerstrom I_F entsteht am menschlichen oder tierischen Körper eine **Berührungsspannung** U_B, die im Normalfall

- 50 V Wechselspannung bzw. 120 V Gleichspannung für Menschen
- 25 V Wechselspannung bzw. 60 V Gleichspannung für Tiere

nicht überschreiten soll.

Beispiel 13.1   Ein Fehlerstrom I_F mit mehr als 50 mA ist für den Menschen unzulässig hoch. Wie groß dürfte die Spannung zwischen einem Außenleiter und Erde bzw. Neutralleiter höchstens sein, wenn ein Mensch mit dem Körperwiderstand R_K = 1000 Ω einen a) blanken Außenleiter und den Neutralleiter, b) einen isolierten Außenleiter mit R_i = 5 kΩ Isolationswiderstand und den Neutralleiter direkt berührt? Es ist angenommen, daß alle anderen Widerstände im Stromkreis vernachlässigbar klein sind.

Lösung   a) $U = I_F \cdot R_K = 0{,}05\,\text{A} \cdot 1000\,\Omega =$ **50 V**
b) $U = I_F \cdot (R_K + R_i) = 0{,}05\,\text{A} \cdot (1000\,\Omega + 5000\,\Omega) =$ **300 V**

Die Maßnahmen zum Schutz gegen gefährliche Körperströme – auch Berührungsschutz genannt – werden nach DIN VDE in drei Bereiche gegliedert:

Schutz gegen direktes Berühren. Diese Maßnahme ist abgestimmt auf den ungestörten Betriebsfall. Dabei wird der Mensch gegen das Berühren aktiver Teile geschützt (**13.2**), z. B. durch Isolierung der aktiven Teile.

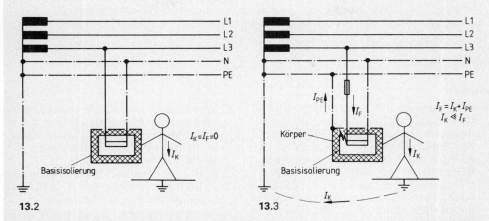

13.2   13.3

Schutz bei indirektem Berühren. Die Maßnahmen müssen wirksam werden, wenn z. B. durch einen Isolationsfehler (Körperschluß) leitfähige Teile von Betriebsmitteln, die nicht aktive Teile sind, unter Spannung stehen (**13.3**).

Schutz bei direktem Berühren. Diese Maßnahme kann bisher nur durch hochempfindliche Fehlerstrom-Schutzeinrichtungen mit einem Fehlerstrom $I_{\Delta n} \leq 30$ mA vorgenommen werden. Sie ist immer zusätzlich anzuwenden, darf also den „Schutz gegen direktes Berühren" und den „Schutz bei indirektem Berühren" nicht ersetzen (**13.4**).

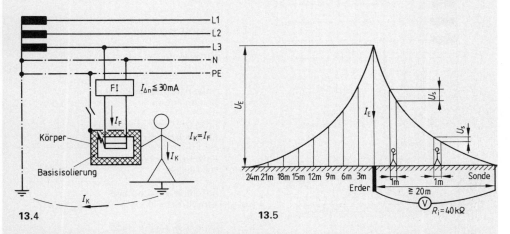

13.4   13.5

Erderspannung – Schrittspannung. Wird ein Erder vom Strom durchflossen (z. B. durch einen Fehler in der Anlage), besteht zwischen ihm und der Bezugserde (Neutralerde) eine Spannung, die Erderspannung U_E. Sie kann mit einem hochohmigen Spannungsmesser (R_i etwa 40 kΩ) gemessen werden (**13.5**). Wegen des eigenartigen Spannungsverlaufs zwischen dem stromdurchflossenen Erder und einer Meßsonde spricht man von einem „Spannungstrichter".

Die **Schrittspannung** U_S ist der Teil der Erderspannung, der von einem Menschen mit der Schrittweite 1 m – Stromweg von Fuß zu Fuß – überbrückt wird. Die Schrittspannung ist in unmittelbarer Nähe des Erders größer als ein weiterer Entfernung.

Aufgaben

1. Wie groß ist der Fehlerstrom durch den menschlichen Körper mit dem Körperinnenwiderstand 1300 Ω bei der Berührungsspannung a) 24 V, b) 42 V, c) 158 V, wenn der Isolationswiderstand an der Körperschlußstelle 8 Ω beträgt und der Hautübergangswiderstand sowie der Standortübergangswiderstand den Wert Null haben?
2. Der Verbraucher in Bild **13**.6 hat einen vollkommenen Körperschluß. Sein Gehäuse wird von einem Menschen mit dem Körperinnenwiderstand 3 kΩ berührt. Der Gesamtwiderstand von Netzleiter, Transformator und Betriebserde beträgt 5 Ω. Wie groß sind der Fehlerstrom, die Fehlerspannung und die Berührungsspannung bei einem Standort-Übergangswiderstand
   a) 50 kΩ (isolierender Fußboden),
   b) 1000 Ω (feuchter Beton),
   c) 6 Ω (der Mensch berührt gleichzeitig einen Heizkörper der Zentralheizung oder den Wasserhahn)?
3. Für die Impedanz (Scheinwiderstand) des menschlichen Körpers zwischen der Ein- und der Austrittsstelle des Körperstroms sind neben dem eigentlichen Körperwiderstand auch die Größe der Berührungsfläche, der Kontaktdruck, die Feuchtigkeit, die Umgebungstemperatur sowie besonders auch der Stromweg und die Größe der Berührungsspannung von Bedeutung. Nach IEC (Sekretariat) 342 ist

13.6

Tabelle **13**.7 Körperimpedanz

Stromweg	F_2	Z_K in kΩ
linke bzw. rechte Hand zu beiden Füßen	1,0	1,2
linke bzw. rechte Hand zu linkem bzw. rechten Fuß	1,33	?
linke bzw. rechte Hand zum Gesäß	0,73	?
linke bzw. rechte Hand zum Rücken	0,67	?
linke bzw. rechte Hand zum Brustkorb	0,60	?
linke Hand zur rechten Hand	1,33	?

die Veränderung der Körperimpedanz bei verschiedenen Stromwegen als Faktor F_2 festgelegt (**13**.7).

Berechnen Sie für eine Referenz-Körperimpedanz Z_{KRef} = 1,2 kΩ für den Stromweg „linke Hand zu beiden Füßen" (F_2 = 1) die Körperimpedanz Z_K für die übrigen angegebenen Stromwege und tragen Sie diese Werte in die Tabelle ein.

4. In Bild **13**.8 sind die Zeit-Strom-Gefährdungsbereiche von Körper-Wechselströmen 50 Hz bzw. 60 Hz nach IEC (Sekretariat) 353 für Erwachsene beim Stromweg „linke Hand zu beiden Füßen" dargestellt. Bestimmen Sie aus diesem Bild die Zeit, bei der die Flimmerschwelle (meist tödliche Wirkung) überschritten wird, wenn die Körperströme 30 mA, 50 mA, 100 mA und 200 mA betragen.

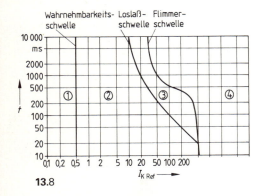

13.8

5. Ein Mensch mit dem Körperwiderstand a) 1200 Ω, b) 1500 Ω, c) 900 Ω berührt das leitende Gehäuse eines mit Körperschluß behafteten Geräts für 380 V (220 V gegen Erde) mit einer Hand und mit der anderen Hand eine Aluminiumtür. Messungen ergaben für den Erdungswiderstand (Tür – Erde) den Wert 450 Ω und für den Fehlerwiderstand am schadhaften Gerät 350 Ω. Wie groß sind in der Anlage der Fehlerstrom und die Berührungsspanung? (Leitungswiderstand und Widerstand des Transformators können bei der Rechnung vernachlässigt werden.)

6. Die Fehlerspannung U_F der defekten Anlage aus Aufgabe 5 soll meßtechnisch erfaßt werden. Dazu wird der Körperwiderstand R_K ersetzt durch einen Spannungsmesser mit R_i = 40 kΩ. Zum Ermitteln der Berührungsspannung U_B werden Spannungsmesser mit R_i = 1 kΩ bzw. 3 kΩ verwendet. Wie groß sind die meßtechnisch erfaßten Werte für die Fehlerspannung und die Berührungsspannung, wenn für die Messung von U_B ein Spannungsmesser mit a) R_i = 1 kΩ, b) 3 kΩ verwendet wird?

7. Ein Mensch mit dem Körperwiderstand 1100 Ω steht auf einem PVC-Fußboden (Standortwiderstand) mit R_{St} = a) 180 kΩ, b) 150 kΩ, c) 20 kΩ. Er berührt einen spannungsführenden Leiter im 380/220-V-Netz. Wie hoch ist die Berührungsspannung?

8. Wie groß werden der Fehlerstrom und die Berührungsspannung des Menschen aus Aufgabe 7, wenn er gleichzeitig mit dem spannungsführenden Leiter einen geerdeten Wasserhahn mit dem Erdungswiderstand R_E = a) 8 Ω, b) 36 Ω, c) 2 Ω berührt?

9. Der Widerstand der Fehlerstelle eines Drehstrommotors für 380/220 V mit Körperschluß beträgt 80 Ω. Die Berührungsspannung eines Menschen, der den Motor berührt, soll 50 V nicht überschreiten. Welchen Widerstandswert muß der Standort aufweisen, wenn der Körperwiderstand des Menschen mit a) 1 kΩ, b) 1,5 kΩ, c) 2 kΩ angenommen wird?

10. In einer elektrischen Anlage beträgt die Spannung gegen Erde 235 V/50 Hz. Mit einem Spannungsmesser R_i = 1,2 kΩ werden zwischen dem isolierten Standort und der Erde a) 3 V, b) 12 V, c) 8 V gemessen. Welchen Wert hat der Standortwiderstand?

11. Die Erderspannung in einer fehlerhaften Anlage wird mit 1200 V gemessen. Ermitteln Sie nach Bild **13**.5 die Spannungen für je 3 m Abstand von der Erderstelle (0 m) aus bis zur 24 m entfernt angebrachten Sonde.

12. Wie groß ist die Schrittspannung eines Menschen aus der fehlerhaften Anlage Aufgabe 11 unmittelbar am Erder (0 bis 1 m) und in der Entfernung 12 m bis 13 m. Zum Messen der Schrittspannung soll nach VDE 0141 ein Spannungsmesser mit $R_i = 1\ \text{k}\Omega$ verwendet werden; zur Verfügung steht jedoch nur ein hochohmiges Meßgerät mit $R_i = 40\ \text{k}\Omega$ zum Messen der Erderspannung zur Verfügung. Was ist zu tun?

Anhang

Tabelle 1 **Eigenschaften wichtiger Werkstoffe bei 20 °C**

	Werkstoff	spezifischer Widerstand ϱ in $\dfrac{\Omega \cdot mm^2}{m}$	Leitfähigkeit γ in $\dfrac{m}{\Omega \cdot mm^2}$	Temperaturbeiwert in $\dfrac{1}{K}$	Dichte ϱ in $\dfrac{kg}{dm^3}$	spezifische Wärmekapazität c in $\dfrac{kJ}{kg \cdot K}$	elektrochemisches Äquivalent c in $\dfrac{g}{Ah}$
gut leitende Metalle	Silber	0,016	62,5	+ 0,0038	10,5	0,235	4,02
	Kupfer	0,0178	56	+ 0,004	8,9	0,386	1,18
	Aluminium	0,0286	35	+ 0,0038	2,7	0,895	0,335
	Stahl	0,14	7,1	+ 0,0045	7,8	0,462	1,04
	Nickel	0,10	10	+ 0,004	8,85	0,450	1,09
	Chrom	0,026	38		6,92	0,441	0,65
	Zink	0,063	16	+ 0,0037	7,1	0,385	1,22
	Platin	0,098	10,2	+ 0,0039	21,4	0,134	
Widerstandslegierungen	CuMn 12 Ni (Manganin)	0,43	2,3	+ 0,00004	8,4		
	CuNi 44 Konstantan	0,5	2	0,00000	8,8		
	CuNi 30 Mn (Nickelin)	0,4	2,5	+ 0,00023	8,8		
Heizleiterlegierungen	NiCr 80 20	1,09 1,13 bei 1000 °C			8,3		
	NiCr 60 15	1,11 1,25 bei 1000 °C			8,2		
	CrAl 20 5	1,37 1,43 bei 1000 °C			7,2		
	CrAl 25 5	1,44 1,46 bei 1000 °C			7,2		

Tabelle 2 **Mindest-Leiterquerschnitte für Leitungen nach DIN 57 100/VDE 0100 Teil 523**

Verlegungsart	Mindestquerschnitt in mm^2	
	bei Cu	bei Al
feste, geschützte Verlegung	1,5	2,5
Leitungen in Schaltanlagen und Verteilern bei Stromstärken bis 2,5 A – über 2,5 A bis 16 A – über 16 A	0,5 0,75 1,0	–
offene Verlegung (auf Isolatoren) Abstand der Befestigungspunkte – bis 20 m – über 20 bis 45 m	4 6	16 16 (mehrdrähtig)
bewegliche Leitungen für den Anschluß von – leichten Handgeräten bis 1 A Stromaufnahme und einer größten Länge der Anschlußleitung von 2 m, wenn dies in den entsprechenden Gerätebestimmungen festgelegt ist – Geräten bis 2,5 A Stromaufnahme und einer größten Länge der Anschlußprüfung von 2 m, wenn dies in den entsprechenden Gerätebestimmungen festgelegt ist – Geräten bis 10 A Stromaufnahme, für Gerätesteck- und Kupplungsdosen bis 10 A Nennstrom – Geräten über 10 A Stromaufnahme, Mehrfachsteckdosen, Gerätesteckdosen und Kupplungsdosen mit mehr als 10 A bis 16 A Nennstrom	0,1 0,5 0,75 1,0	–
Fassungsadern	0,75	–
Lichtketten für Innenräume – zwischen Lichtkette und Stecker – zwischen den einzelnen Lampen	0,75 0,5	} s. VDE 0710 T3
Starkstrom-Freileitungen	s. VDE 0211	

Tabelle 3 **Magnetisierungskurven wichtiger Magnetwerkstoffe für Spulenkerne**

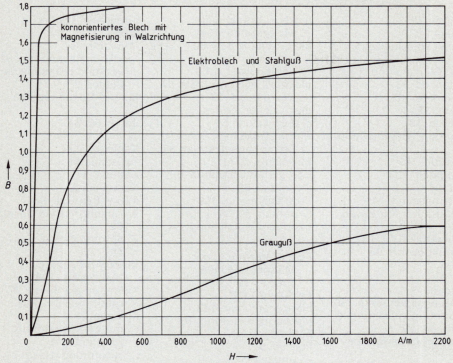

Tabelle 4 **Zuordnung von Überstrom-Schutzeinrichtungen nach DIN VDE 636**

Kabel- und Leitungsbauart mit PVC-Isolierung	Bauart-Kurzzeichen NYY, NYCWY, NYKY, NYM, NYBUY, NHYRUZY, NYIF, NYIFY, HO7V-U, HO7V-R, HO7V-K, NYMT, NYMZ								
Verlegeart	Gruppe A		Gruppe B1		Gruppe B2		Gruppe C		Gruppe E
Anzahl der belasteten Adern	2	3	2	3	2	3	2	3	2	3
Nennquerschnitt in mm² Cu	Nennstrom der Schutzeinrichtung in A								
1,5	16	10	16	16	16	10	16	16	20	20
2,5	20	16	25	20	20	20	25	25	25	25
4	25	25	25	25	25	25	35	35	35	35
6	35	25	40	35	35	35	40	40	50	40
10	40	40	50	50	50	50	63	63	63	63
16	63	50	80	63	63	63	80	80	80	80
25			63		80		80		100	100
35			80		100		100		125	125
50			100		125		125		160	160
70			125		160		160		200	200

Sachwortverzeichnis

Abfallzeit 103
Abrunden 7
Addition von Dualzahlen 145
– von Wurzeln und Potenzen 33
Akkumulator 93
Ampere 37
– stunde 93
– stunden-Wirkungsgrad 93
Amplitude 103
Anstiegszeit 103
Arbeit 66
Arbeitsmessung 119
arithmetischer Mittelwert 102
Aufrunden 7
Augenblickswert 98

Basis 30
Beizeichen 9
Berührungsspannung 150
Bestimmungsgleichung 9
Bogenmaß 97
Briggscher Logarithmus 35
Brückenschaltung 60, 114
Buchstabengleichung 9

Chemische Wirkung des elektrischen Stroms 89

Dekadischer Logarithmus 35
Dichte 22
differentieller Widerstand 133
Dioden 133
– schalter 136
– widerstand 133
Dividieren von Potenzen und Wurzeln 33
Drehmoment 73
Dreieck 19
Dreisatzrechnung 13
Dualzahl 144
Durchflutung 88
Durchlaßwiderstand 133

Effektivwert 100, 102, 106

Eigenverbrauch von Meßgeräten 108
elektrische Arbeit 66
– Leistung 63, 119
– Leitfähigkeit 40
elektrischer Stromkreis 37
– Widerstand 37
elektro|chemisches Äquivalent 89
– magnetischer Spannungserzeuger 91
Elektronik 127
Energie|umwandlung 68
– verlust 68
Erderspannung 151
Exponent 30, 34
Exponentialgleichung 34

Fehler|grenzen von Meßgeräten 108
– strom 150
Feldplatte 128
Flankensteilheit 103
Flächenberechnung 19
Flußdichte 88
Formel 9
– umstellen 9
– zeichen 9
Formfaktor 103, 106
Fotowiderstand 128
Frequenz 96
Füllfaktor 20
Funktion 24
Funktions|gleichung 9, 24
– plan 147

Geschwindigkeit 74
Gleichstromwiderstand 133
Gleichung 8
Gradmaß 97
Größen 8
Grund|wert 15
– zahl 30

Heißleiter 127
Hekto 31
Hertz 96
Hochzahl 30
Hypotenuse 17

Impedanz 152
Index 9
Induktion 88
Induktions|spannung 91
– wirkung magnetischer Felder 91
innerer Spannungsfall 77

Joule 66, 84

Kaltleiter 127
Kapazität 93
Kathete 17
Kennlinie 24
Kilowattstunde 66
1. Kirchhoffsches Gesetz 52
2. Kirchhoffsches Gesetz 49, 77
Klassenzahl eines Meßgeräts 108
Klemmenspannung 77
Körperimpedanz 152
Kosinus 17
Kräfte|parallelogramm 71
– zerlegen und zusammensetzen 71
Kreis 19
– frequenz 98
– umfang 17
Kurzschlußstromstärke 78

Längenberechnung 17
Leistungs|anpassung 82
– messung 119
– verlust 68
Leitwert 41
linearer Widerstand 127
Liniendiagramm 97
Logarithmus 34
logische Schaltung 146

Magnetische Feldstärke 88
– Induktion 88
magnetischer Fluß 88
Magnetisierungskurve 157
Magnetismus 88
Magnetwerkstoffe 157
Masse 22, 89

Mechanik, Grundlagen 71
mechanische Arbeit 75
– Leistung 75
Meß|bereichserweiterung 109
– unsicherheit 108
Mindest-Leiterquerschnitte 156
Mischgröße 105
Mittelwert 102
mittlere Windungslänge 17
mittlerer Windungsdurchmesser 17
Multiplizieren von Potenzen und Wurzeln 33

NAND-Schaltung 147
Napierscher Logarithmus 35
natürlicher Logarithmus 35
Nebenwiderstand 109
Newton 73
nichtlinearer Widerstand 127
NICHT-Schaltung 147
NOR-Schaltung 147

ODER-Schaltung 147
Ohm 37
Ohmscher Widerstand 127
Ohmsches Gesetz 37, 114
Oszilloskop 121

Parallelschaltung von Spannungsquellen 80
– von Widerständen 52
Parallelwiderstand 109
Periodendauer 96
Permeabilität 88
Phasenwinkel 98
Potentiometer 58
Potenz 30
– wert 34
Potenzieren von Potenzen und Wurzeln 33
Prisma 22
Prozent|rechnung 15
– satz 15
– wert 15
Pythagoras 17

Quellenspannung 77

Radizieren 32
Rauminhalt 22
Rechengenauigkeit 7
Rechteck 19
rechtwinkliges Dreieck 17
Reihenschaltung von Spannungsquellen 80
– von Widerständen 49
resultierende Kraft 71
Runden von Zahlen 7

Schaltung von Spannungserzeugern 80
– von Widerständen 49
Scheitel|faktor 100
– wert 98, 100
Schichtwiderstand 115
Schleifdrahtmeßbrücke 114
Schlußrechnung 13
Schrittspannung 152
Schutz bei direktem Berühren 151
– bei indirektem Berühren 151
– gegen direktes Berühren 151
– maßnahmen 150
Schwingungs|breite 100
– dauer 96
Seiten im rechtwinkligen Dreieck 17
Siemens 41
Sinus 26
Spannung 37
Spannungs|arten 96
– fehlerschaltung 109
– messung 109
– puls 102
– quelle 77, 91
– stabilisierung 141
– teiler 58
Sperrwiderstand 133
spezifische Wärmekapazität 84
spezifischer Widerstand 40
Spitze-Spitze-Wert 100
Spulenwicklung 17
Strom|arten 96
– dichte 44

– fehlerschaltung 109
– messung 109, 122
– puls 102
– richtungsunabhängiger Widerstand 127
– stärke 37
– wärme 84
Subtraktion von Potenzen und Wurzeln 33

Tangens 27
Taschenrechner 11
Tast|grad 102
– verhältnis 102
Temperatur|änderung 45
– beiwert 45
– differenz 46, 84
Tesla 88
Trapez 19
trigonometrische Funktion 26

Überschlagsrechnung 7
Überstrom-Schutzeinrichtungen 158
Umfangsgeschwindigkeit 74
UND-Schaltung 147

Varistor 128
Volt 37
– sekunde 88
Volumen 22
Vorsätze für Vielfache und Teile von Einheiten 31
Vorwiderstand 58, 109, 135

Wärme 84
– menge 84
– verluste 84
– wirkungsgrad 84
Wattstunden-Wirkungsgrad 93
Weber 88
Wechsel|spannung 96
– strom 96
Wellenlänge 96
Werkstoffeigenschaften 155
Wertetabelle 24
Wheatstone-Brücke 60
Widerstand 37, 40

159

Widerstand, linearer 127
–, nichtlinearer 127
–, stromrichtungs-
   unabhängiger 127
Widerstands|änderung
   durch Temperatur-
   änderung 45
– berechnung 40
– bestimmung 114
Winkel|funktion 26
– geschwindigkeit 98

Wirkungsgrad 69
Wurzel 32

x-Ablenkung 121
XY-Betrieb 123

y-Ablenkung 122

Zählerkonstante 119
Z-Diode 141
Zehner|logarithmus 35

– potenz 30
Zeigerdiagramm 97
Zeit|ablenkfaktor 121
– wert einer Wechsel-
   größe 97 f.
zusammengesetzte
   Schaltung 55
Zusammenschalten
   mehrerer Spannungs-
   quellen 80
Zylinder 22